SUR

LES PRODUITS MÉTALLURGIQUES

DE

L'INDUSTRIE FRANÇAISE, 633

EN **1823**.

(*Extrait des Annales des Mines*, 1823).

RAPPORT

AU JURY CENTRAL

DE L'EXPOSITION DES PRODUITS

DE

L'INDUSTRIE FRANÇAISE,

DE L'ANNÉE 1823,

SUR LES

OBJETS RELATIFS A LA MÉTALLURGIE,

ET

AUGMENTÉ DE QUELQUES ANNOTATIONS;

PAR A. M. HÉRON DE VILLEFOSSE,

MEMBRE DE CE JURY, MAÎTRE DES REQUÊTES AU CONSEIL D'ÉTAT, SECRÉTAIRE DU CABINET DU ROI, INSPECTEUR DIVISIONNAIRE AU CORPS ROYAL DES MINES, MEMBRE DE L'ACADÉMIE ROYALE DES SCIENCES, ETC.

————

A PARIS,

DE L'IMPRIMERIE DE MADAME HUZARD,

(NÉE VALLAT LA CHAPELLE).

1823.

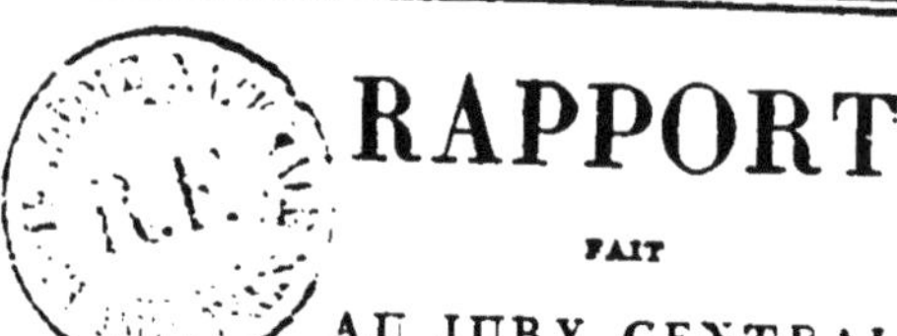

RAPPORT

FAIT

AU JURY CENTRAL

DE L'EXPOSITION DES PRODUITS

DE

L'INDUSTRIE FRANÇAISE,

DE L'ANNÉE 1825,

SUR

LES OBJETS RELATIFS A LA MÉTALLURGIE;

PAR A. M. HÉRON DE VILLEFOSSE.

Ce rapport a été présenté au Jury central, au nom d'une Commission qu'il avait chargée de lui rendre compte de l'examen des produits relatifs aux arts métallurgiques, et qui était composée de quatre Membres de ce Jury, ainsi qu'il suit :

M. le Vicomte HÉRICART DE THURY, *Maître des Requêtes, Directeur des travaux publics de Paris, Ingénieur en chef au Corps royal des Mines, Inspecteur général des carrières de Paris, Officier de la Légion-d'Honneur;*

M. MOLARD, *Chevalier de l'Ordre royal de la Légion-d'Honneur, Membre de l'Académie des Sciences, Membre du Comité consultatif des Arts et Manufactures, du Conseil d'Administration de la Société d'Encouragement, ancien Administrateur du Conservatoire des Arts et Métiers;*

(M. MOLARD était spécialement chargé de l'exécution des essais auxquels ont été soumis les produits des arts métallurgiques.)

M. MIGNERON, *Chevalier de l'Ordre royal de la Légion-d'Honneur, Ingénieur au Corps royal des Mines;*

M. HÉRON DE VILLEFOSSE, *Officier de la Légion-d'Honneur, etc., Rapporteur de la Commission* (1).

MESSIEURS (2),

D'après la division qui fut établie, en 1819, dans l'exposition des produits de l'industrie française, et qui se trouve confirmée dans l'exposition de 1823, les objets dont je suis chargé d'entretenir le jury central, au nom de la commission des métaux, sont connus sous les dénominations suivantes :

Plomb brut et plomb ouvré ou laminé, ainsi que les préparations de ce métal;

---

(1) Voyez le rapport publié sur le même objet par suite de l'exposition de 1819, et inséré dans les *Annales des Mines* de 1820, Tome V, page 17.

(2) On sait que le Jury central était composé des personnes ci-après désignées :

M. le Duc de Doudeauville, *Président;*

M. le Vicomte Héricart de Thury, *Vice-Président;*

MM. Arago, Biot, Bréguet, Brongniart, Christian, d'Arcet, Fontaine, Gay-Lussac, Gérard, Guillard de Senainville, Héron de Villefosse, Lemoine des Marres, Migneron (*secrétaire*), Molard, de Moléon, Quatremère de Quincy, Tarbé de Vauxclairs et Thénard.

Cuivre brut et cuivre martiné ou laminé, ainsi que les divers alliages et préparations du cuivre, et particulièrement cuivre jaune ou laiton, bronze, fil de laiton, toiles métalliques;

Zinc brut et zinc ouvré ou laminé;

Fer, dans les divers états qui vont être rappelés, savoir :

Fonte brute;

Fonte moulée;

Fer forgé en grosses barres et fer martiné, de divers échantillons;

Acier brut, soit naturel, soit cémenté; acier fondu; acier raffiné et martiné;

Faulx;

Limes et râpes;

Scies;

Tôle et fers-noirs;

Fer-blanc;

Fil de fer et fil d'acier;

Aiguilles;

Cardes, peignes à étoffe, dits *rots*; alènes;

Clouterie;

Quincaillerie, comprenant :

L'acier poli,

La serrurerie,

La coutellerie,

Les outils divers,

Fabrication des armes, comprenant :

Les armes blanches,

Les armes à feu.

Dans le présent rapport, nous considérerons successivement ces divers objets, en indiquant, pour chacun d'eux, les départemens d'où proviennent les produits exposés en 1825; nous rappellerons le nombre des envois distincts, ainsi que le nom et la demeure des fabricans, par les numéros correspondans du *Catologue* des produits, qui a été publié pour l'exposition de 1823. Tel sera l'objet de la première partie du rapport.

Dans la seconde partie, nous indiquerons les moyens par lesquels la commission des métaux a comparé entre eux les produits d'un même genre, et nous rendrons compte des observations faites sur les divers produits, ainsi que sur les établissemens d'où ils proviennent.

La troisième et dernière partie du rapport consistera dans l'indication des fabricans jugés dignes d'obtenir les diverses récompenses que la bonté du Roi destine à l'encouragement de l'industrie française.

PREMIÈRE PARTIE.

Coup-d'œil sur l'ensemble des produits métallurgiques exposés en 1823.

Plomb.

L'exploitation du plomb se soutient dans les départemens du Finistère, de la Lozère, de l'Isère et de la Haute-Loire. Suivant le vœu exprimé dans le rapport fait au jury central pour l'exposition de 1819, les travaux des mines de Lacroix et de Sainte-Marie, dans les départemens des Vosges et du Haut-Rhin, ont repris une activité qui permet d'espérer de nouveaux succès.

D'autres recherches, exécutées sur divers points de la France, et notamment dans le département de la Charente, ont fait découvrir de nouveaux gîtes de minerai de plomb (n°. 1521 du *Catalogue*).

L'industrie française continue de s'exercer utilement sur ce métal. L'exposition de 1823 présente du plomb laminé en tables, depuis la plus forte jusqu'à la moindre épaisseur: ce genre de produit est exposé par les départemens des Vosges et de la Seine (nos. 76 et 1041 ;

Des tuyaux de plomb laminé de tous calibres, étirés à la filière et sans soudure, provenant des départemens des Bouches-du-Rhône et de la Seine (nos. 1041 et 1726);

Du plomb de chasse, des départemens d'Indre-et-Loire et de la Seine (nos. 515 et 281) : cette dernière indication se rapporte à du plomb de chasse de tous numéros, que l'on fabrique à Paris, en le faisant tomber du haut de la tour de Saint-Jacques-la-Boucherie.

Du blanc de plomb, dit *céruse*, est exposé par les départemens du Loiret, des Bouches-du-Rhône, de la Seine, du Nord et des Ardennes (nos. 600 et 1117, 644, 697, 698, 705, 878).

Du minium, de la mine-orange, du blanc d'argent et d'autres préparations de plomb, sont présentés par les départemens de la Seine, d'Indre-et-Loire et des Bouches-du-Rhône (nos. 515, 705, 878).

L'exploitation du cuivre est toujours en acti- **Cuivre.** vité dans le département du Rhône. On a découvert en plusieurs autres endroits des minerais de ce métal. L'exposition présente (n°. 24) de beaux minerais de cuivre, qui proviennent du département de la Corrèze, et divers produits obtenus de ces minerais.

Si la plus grande partie du cuivre, sur lequel s'exerce l'industrie française, est encore tirée de l'étranger, la France en est dédommagée, jusqu'à un certain point, par la beauté des ouvrages que produisent ses nombreuses manufactures en ce genre.

L'exposition de 1825 présente de belles planches de cuivre laminé; de vastes fonds de chaudière et différentes pièces de cuivre ; telles que : des tuyères, des baignoires, des appareils de distillation, etc. Ces objets sont envoyés par les départemens de l'Eure, de la Nièvre, du Haut-Rhin, de la Haute-Vienne, du Doubs, de l'Oise et de la Seine (nos. 194, 227, 940, 1012, 1325, 1698 et 1746).

Du cuivre en bâtons, pour les tréfileries, est exposé par les départemens du Rhône et du Haut-Rhin (nos. 444 et 834).

Zinc. De grandes feuilles de zinc laminé proviennent du département des Ardennes (n°. 150).

Le département de la Seine expose des robinets et des baignoires de zinc (n°. 1191);

Le département de la Manche, du zinc laminé, des clous pour le service de la marine, et un cor de chasse exécuté en zinc (n°. 1519). Ce dernier numéro se rapporte à un habitant de Paris, qui est propriétaire de la célèbre mine de la Vieille-Montagne dans le pays de Limbourg, et qui a récemment établi une grande usine pour le traitement du zinc, à Valcanville, dans le département de la Manche.

Laiton. La fabrication du laiton, qui s'est naturalisée en France depuis environ douze ans, continue d'y faire des progrès. Plusieurs fabriques de cuivre, qui existent dans les départemens sus-mentionnés de l'Eure, du Haut-Rhin et des Ardennes, en offrent la preuve sous les nos. 150, 194 et 1325.

Bronze. Des candélabres, des tables, des statues, des surtouts de table et d'autres ouvrages en bronze, proviennent du département de la Seine (n°s. 1540, 1543, 1581, 1583, 1616 et 1670).

Deux tamtams en bronze sont exposés par l'École royale de Châlons, départem^t. de la Marne.

Des médailles coulées en bronze sont présentées par la Monnaie royale des médailles (n°. 1711).

Du vermillon, ou sulfure de mercure, provient *Mercure.* du département de la Seine (n°. 266).

Parmi les nombreux produits en fonte de fer *Fonte de fer.* que réunit l'exposition de 1823, il convient de distinguer la fonte brute et la fonte moulée.

Des échantillons de fonte brute sont offerts aux regards du public par les départemens de la Nièvre (n°. 224); de l'Yonne (n°. 536); de l'Isère (n°. 482); de la Loire (n°. 1174).

Des quatre établissemens qui viennent d'être indiqués, le premier, situé à Bizy, dans le département de la Nièvre, fournit une fonte brute que l'on emploie avec succès pour la fabrication de l'acier ; le second, situé à Ancy-le-Franc, dans le département de l'Yonne, est une usine récente, qui a été fondée en 1822, et qui déjà fournit de la fonte douce, de la meilleure qualité ; le troisième, situé à Saint-Hugon, dans le département de l'Isère, produit d'excellente fonte grise pour acier, dans des fourneaux qui ont été récemment construits d'après ceux de la Styrie, et qui procurent une grande économie de charbon de bois ; le quatrième, situé au Janon, près Saint-Etienne, dans le département de la Loire, offre un exemple récent, et jusqu'à présent unique en France, de la fusion du minerai de fer des houillères, traité sans addition d'autre minerai, par le moyen de la houille.

Un grand nombre d'objets en fonte de fer moulée sont présentés par les fabriques de divers départemens:

Des tuiles en fonte, de première fusion, proviennent du département de la Haute-Saône (n°. 865);

Des pièces de machines, coulées au sable vert, du département du Haut-Rhin (n°. 193);

Des charrues, des vases et d'autres objets en fonte, des départemens de l'Eure et de la Nièvre (n°s. 223 et 1329);

Des engrenages, du département du Nord (n°. 700);

Divers objets en fonte douce, des départemens d'Eure-et-Loire, et de la Loire (n°s. 724, 740);

Des vases, des balcons et des statues, du département de la Haute-Marne, objets moulés en fonte de fer, qui provient de l'usine d'Ancy-le-Franc sus-mentionnée ;

Diverses pièces de fonte de fer, exécutées dans les ateliers de l'École royale de Châlons sur Marne;

Des vases et ustensiles de ménage, en fonte, dont l'intérieur est revêtu d'un émail, du département du Doubs (n°. 1748);

Des cheminées, des horloges, des chaines d'engrenage, des mortiers, des roulettes, des bustes, des médailles, des ornemens et toutes sortes d'objets en fonte moulée, du département de la Seine (n°s. 202, 871, 926, 1204, 1205, 1528 et 1644).

On voit en outre, à l'exposition, plusieurs machines à vapeur et autres, dont les pièces, coulées en fonte de fer, prouvent que cette branche de l'industrie française continue de faire des progrès.

C'est en 1825, pour la première fois, que la France voit parmi les produits de son industrie une grande quantité de fer en barres, affiné dans des fourneaux de réverbère par le moyen de la houille, et étiré à l'aide du laminoir à cylindres cannelés.

L'exposition de 1819 présentait, à cet égard, de premiers essais qui promettaient d'importantes améliorations; mais, à cette époque, on n'avait encore affiné la fonte de fer au fourneau de réverbère avec la houille brute, que dans le département de l'Isère, à l'usine de Vienne, et l'on n'avait fabriqué le fer en barres par le moyen de laminoirs diversement cannelés, que dans le département du Cher, aux forges de Grossouvre.

Aujourd'hui, le territoire français possède un grand nombre d'établissemens, tous créés depuis 1819, dans lesquels est en activité l'exécution complète du procédé d'affinage et de laminage, que l'on connaît, depuis environ trente ans, sous la dénomination de *forge à l'anglaise*. On avait plus d'une fois reproché à l'industrie française d'être restée en arrière à cet égard; pour achever de la justifier, qu'il nous soit permis de faire ici mention des principales usines de ce genre. Elles existent, ou sont sur le point d'être terminées, dans les lieux suivans :

A Saint-Julien, près Saint-Chamond, dans le département de la Loire;

A Moyœuvre et à Hayange, Moselle;

A la Basse-Indre, près Nantes, Loire-Inférieure;

A Château-la-Vallière, près Tours, Indre-et-Loire;

A Bigny-sur-Cher, département du Cher;

A la forge de Bruniquel, près Montauban, Tarn-et-Garonne ;

A la forge de Maisières, entre Vesoul et Besançon, Haute-Saône ;

A Fourchambault, Nièvre ;

A Raismes, près Valenciennes, Nord ;

Au Janon, et ailleurs, dans les environs de St.-Etienne, Loire ;

A Charenton, près Paris.

D'autres usines du même genre sont commencées :

A Oberbruck, département du Haut-Rhin ;

A Magnancourt, près Saint-Loup, Haute-Saône ;

Aux forges de Montcey, Doubs ;

A Montataire, Oise, et ailleurs.

On en projette de semblables : aux environs des mines de houille de Decize, département de la Nièvre ; de Commentry, Allier ; de Ronchamp, Haute-Saône, et sur plusieurs autres points de la France ; notamment auprès des mines de houille de Saint-Etienne, dans le département de la Loire.

Les fers fabriqués à la houille, dans les départemens de la Moselle, de la Nièvre, du Doubs et de l'Oise, sont exposés sous les n°s. 226, 558, 784, 1698).

On voit (n°. 1174) du fer en barres et du fer martiné de diverses dimensions, qui provient de la fonte de fer obtenue par le moyen de la houille, au Janon, dans le département de la Loire.

Les départemens de l'Indre et du Cher, qui correspondent au Berry, depuis long-temps renommé pour la bonne qualité de ses fers, exposent du fer en barres et en verges, fabriqué par l'ancien procédé d'affinage, à l'aide du charbon de bois (nᵒˢ. 525, 321).

L'usine de Châtillon, dans le département de la Côte-d'Or, a envoyé du fer, qui, par un procédé nouveau, a été affiné au fourneau de réverbère avec le bois.

Dans plusieurs départemens, les maîtres de forge ont continué avec succès d'augmenter l'élévation des hauts-fourneaux, dans lesquels le minerai de fer est fondu par le moyen du charbon de bois. Quelques personnes annoncent l'intention de traiter le minerai de fer au fourneau de réverbère, soit avec la houille, soit avec le bois.

On peut se rappeler, d'après notre rapport de 1819, que la France produit et consomme annuellement à-peu-près un million de quintaux métriques de fer forgé en grosses barres, quantité qui provenait jusqu'à présent d'environ trois cents forges anciennes. Si l'on considère d'un autre côté, qu'une forge à l'anglaise, comme, par exemple, l'usine de Fourchambault, peut fournir annuellement plus de 50000 quintaux métriques de fer affiné à la houille, on voit que vingt usines de ce genre peuvent suffire à la production de tout le fer qui se consomme en France.

Nous venons de remarquer que déjà il existe, sur le territoire français, à-peu-près vingt usines à l'anglaise. Ainsi, le moment n'est pas éloigné, où le travail du fer va nécessairement subir, en France, une sorte de révolution, dont les résultats quelconques seront aussi graves qu'ils sont difficiles à prévoir.

Quoi qu'il en soit, tout fait espérer que l'amélioration des procédés tournera au profit de l'industrie française et des nombreux consommateurs de fer.

Acier. — L'exposition de 1823 est plus riche en acier français, que ne l'a été aucune des précédentes.

On y voit des aciers de toutes sortes : acier naturel, acier cémenté et acier fondu. Ces produits sont envoyés par les départemens ci-après :

Nièvre (nos. 221, 224 et 225); Isère (n°. 482); Loire (nos. 736 et 739); Ariège (nos. 52, 53 et 54); Côte - d'Or (n°. 603); Loiret (n°. 596); Meuse (n°. 614); Moselle (n°. 1173); Haute - Saône (n°. 865); Doubs (n°. 782); Haute - Vienne (n°. 1015); Pyrénées-Orientales (n°. 923); Haute-Garonne (n°. 1486); Aude (n°. 1432); Indre-et-Loire (n°. 514), Seine-et-Oise (n°. 1063); Seine (nos. 546 et 1620).

C'est dans les produits dont il va être fait mention, sous les titres de faulx, limes, scies, coutellerie, outils divers et armes blanches, que se fait remarquer l'excellente qualité des aciers français; de même que la réputation des fers de la France est de nouveau confirmée par la bonté des tôles, des fers-blancs et des fils de fer qui en résultent.

Faulx et faucilles. — Les départemens qui ont envoyé des faulx à l'exposition de 1823, sont :

L'Ariège (n°. 54); le Puy-de-Dôme (n°. 44); la Haute - Garonne (n°. 1486); et le Doubs (nos. 782, 789 et 1747).

L'accroissement que cette branche d'industrie continue de prendre en France, quoiqu'elle y soit encore récente, ajoute à l'espérance qu'elle avait fait concevoir dès 1819, de voir la France enfin affranchie de l'importation des faulx étrangères.

Limes et râpes. — Dix-neuf envois distincts, de limes et râpes, figurent dans l'exposition de 1823. Nous avions remarqué avec plaisir, en 1819, dix envois de ce genre, parce qu'on se rappelait que l'exposition de 1806 n'en avait offert que sept, dont on s'était néanmoins félicité à cette époque. Aujourd'hui, la fabrication des limes et râpes est en activité, conjointement avec plusieurs autres branches d'industrie métallurgique, dans les départemens qui vont être indiqués, comme ayant envoyé des produits de ce genre en 1823, savoir :

Ariège (n°s. 52 et 54); Haute-Garonne (n°.1486); Aude (n°. 1432); Nièvre (n°s. 221 et 655); Indre-et-Loire (n°. 514); Loiret (n°. 596); Côte-d'Or (n°. 603); Bas-Rhin (n°. 773); Moselle (n°. 718); Haute-Marne (n°. 564); Seine-et-Oise (n°s. 588 et 1063); Seine (n°s. 238, 273, 890, 1165 et 1222).

La première manufacture de ce genre, qu'ait possédée la France, fut établie, en l'année 1784, à Amboise, dans le département d'Indre-et-Loire. Cet établissement ne put se maintenir, malgré les avantages que lui assurait le gouvernement. La révolution avait anéanti la fabrique de limes d'Amboise; aujourd'hui, cette même fabrique de limes prospère, en même temps qu'un grand nombre d'autres manufactures du même genre, qui s'accroissent de jour en jour. Que l'on juge, par ce fait, des progrès de l'industrie française dans les arts métallurgiques.

La fabrication des scies continue également de faire d'heureux progrès en France. L'exposition de 1823 présente cinq envois de ce genre : ils proviennent des départemens du Puy-de-Dôme (n°. 44); de la Moselle (n°. 718); du Doubs (n°. 764); du Bas-Rhin (n°. 773); et de la Seine (n°. 1250).

La fabrication des scies laminées et trempées, en acier naturel et en acier fondu, a été introduite dans l'usine de Molsheim, département du Bas-Rhin, depuis l'année 1819; c'est aussi depuis la même époque, qu'à Paris et dans l'usine de Molsheim, on a fabriqué des scies de forme circulaire, en acier fondu; objets qui paroissent être sur le point de devenir d'un usage très-répandu, et que l'Angleterre seule avait jusqu'alors fournis au commerce.

La réputation des tôles françaises, déjà confirmée par l'exposition de 1819, s'accroît encore par celle de 1823. Les produits exposés proviennent des départemens de la Moselle (n°. 558), et de la Nièvre (n°s. 227 et 665).

Parmi les échantillons de tôle forte que présente l'usine d'Imphy, département de la Nièvre, on remarque deux fonds de chaudière en fer corroyé. C'est un produit nouveau de la fabrication française. L'excellente qualité des tôles de cet établissement, et de celles qui proviennent de Moyœuvre, Moselle, ainsi que de Pont-Saint-Ours, Nièvre, est attestée par les beaux échantillons de fer-blanc qui sont sortis de ces mêmes ateliers.

L'usine de Bèze, Côte-d'Or, a exposé de belles tôles d'acier (n.° 603).

L'usine de Molsheim, Bas-Rhin, présente (n°. 775) des bandes d'acier laminées, pour ressorts, qui sont parfaitement uniformes dans leur largeur, et dont l'une a 56 mètres de longueur.

Pour faire apprécier les progrès incontestables de cette branche d'industrie, bornons-nous à remarquer que la tôle, il y a vingt-cinq ans, n'était fabriquée, en France, qu'à l'aide du marteau, et qu'aujourd'hui l'usage du laminoir y est généralement répandu, tant pour la fabrication de la tôle, que pour celle du fer-blanc.

Les fers-blancs exposés proviennent des départemens des Vosges (n.º 76); de la Moselle (nº. 558); de la Haute-Saône (nº. 864); de la Nièvre (nᵒˢ. 227 et 655); de l'Oise (nº. 1698).

La fabrication du fer-blanc s'est perfectionnée en France, non-seulement par l'usage du laminoir, qui est devenu général dans les usines françaises; mais encore par les procédés au moyen desquels on décape les feuilles de tôle dans des fourneaux d'une construction particulière, avant de soumettre ces feuilles à l'action d'un léger acide et enfin à l'étamage.

On sait que le décapage au feu, qui s'exécute pendant la fabrication de la tôle, dépouille la surface des feuilles d'une croûte d'oxide de fer qui empêcherait l'étain d'y adhérer. Ce procédé se pratique avec une sûreté d'exécution qui paraît digne de remarque. Par exemple, dans l'usine d'Imphy, département de la Nièvre, la diminution de poids qui résulte du décapage au feu, est habituellement compensée par l'augmentation de poids qui résulte de l'étamage. Cent cinquante feuilles de tôle, dont chacune a 12 pouces de long sur 9 de large, et qui pèsent, terme moyen, 80 livres poids de marc, perdent cinq livres de ce poids par le décapage, et les reprennent par l'étamage. Ainsi, environ six pour cent du poids de la tôle noire employée se trouvent enlevés par le décapage et rétablis par l'étain; de telle manière, que cent livres de tôle noire procurent cent livres de fer-blanc. L'étendue, la souplesse et la surface unie des feuilles de fer-blanc, que l'on fabrique en France, sont attestées par les usages multipliés que l'on y fait des produits de ce genre. L'exposition présente un ameublement complet en fer-blanc verni (n°. 1051).

Parmi les fils métalliques, il convient de distinguer les fils de fer, les fils d'acier, les fils de cuivre, de zinc, de laiton, les fils de cuivre argenté ou doré, dits *trait faux*, et les fils de cuivre revêtu de zinc ou de laiton, dits *trait jaune*.

Les fils de fer exposés proviennent des départemens du Doubs (n°. 1722); des Vosges (n°. 76); et de l'Orne (n°˙ 574 et 1741).

On voit aussi (n°. 1722), du fil de laiton et du fil d'acier, provenant du département du Doubs.

Le département de l'Ardèche (n°. 936) expose le modèle d'un pont en fil de fer, qu'on a proposé de construire sur le Rhône, entre Tain et Tournon.

Du fil d'acier fondu provient du département de la Loire (n°. 737). Ce fil, fabriqué avec de l'acier français du même département, est propre à la confection des pièces d'horlogerie et des aiguilles. L'établissement d'où il provient est en état de fournir toutes les sortes de fil d'acier que peut réclamer le commerce français.

Le département de la Seine présente aussi des fils de fer et d'acier (n°. 1196), et des cordes d'instrumens fabriquées en fil de divers métaux (n°. 659).

Du fil de cuivre rouge est exposé par les départemens du Haut-Rhin (n°. 194); des Ardennes (n°. 150); et de l'Orne (n°. 574);

Du fil de zinc, par les départemens de la Manche (n°. 1519); et de l'Orne (n°. 574);

Du fil de laiton, par les départemens de l'Eure (n°. 1325); et des Ardennes (n°. 150).

Les départemens du Haut-Rhin (n°. 194), et du Rhône (n°s. 444 et 834), présentent du trait d'argent faux, et du trait jaune, dont la finesse égale celle des cheveux.

Le trait jaune est obtenu par le moyen de cylindres, dits *bâtons de cuivre*, sur lesquels on applique, par une sorte de cémentation, du zinc provenant, soit du minerai de ce métal, soit du métal lui-même réduit en feuilles, de telle manière que la surface extérieure du cylindre passe à l'état de laiton.

Les produits des tréfileries françaises prouvent à-la-fois l'excellente qualité des métaux employés et des filières à l'action desquelles on les soumet.

Il y a quelques années, la fabrication des fils métalliques s'exécutait encore, en France, par le moyen de tenailles, qui laissaient sur le métal étiré l'empreinte d'une morsure nuisible. Aujourd'hui, cet ancien procédé est presque généralement remplacé par une machine fort simple, au moyen de laquelle le fil étiré s'applique sur un cylindre tournant, dit *bobine*, et se trouve ainsi fabriqué sans morsure. Cet heureux perfectionnement n'est pas le seul qu'on observe dans les tréfileries françaises, qui sont déjà renommées depuis long-temps.

Dans le rapport sur l'exposition de 1819, nous avions regretté qu'il n'existât pas en France de fabrique d'aiguilles ; une manufacture de ce genre s'est élevée en 1820, à Laigle, dans le département de l'Orne. On voit (n°. 466) des aiguilles à coudre et à tricoter qui en proviennent. Les aiguilles de Laigle sont cannelées et percées au moyen d'une machine. Les prix de cette manufacture sont annoncés comme étant, de douze à

Aiguilles.

quinze pour cent, au-dessous de ceux des fabriques étrangères; elle occupe cent soixante ouvriers, hommes, femmes et enfans. Puisse-t-elle se maintenir et prospérer!

Il existe à Laigle une autre fabrique du même genre, qui paraît promettre d'heureux résultats, mais qui n'a point exposé ses produits. On en connaît une troisième à Paris, dans les Champs-Elysées; mais là on se borne, dit-on, à terminer des aiguilles ébauchées en Angleterre.

Cardes. La perfection des cardes en fil de fer, qui sont employées dans nos manufactures de tissus, est attestée par les beaux produits de ces établissemens. On voit, à l'exposition de 1823, des cardes superfines et des rubans de cardes à laine et à coton, qui proviennent des départemens du Nord (no. 696); de l'Eure (n°. 1171); de Seine-et-Oise (n°. 590); et de la Seine (nos. 212, 290, 655, 1246 et 1288).

Peignes et rots. Des peignes et rots propres au tissage des étoffes sont exposés par les départemens du Haut-Rhin (n°. 710); du Rhône (n°. 1718); de la Seine-Inférieure (n°. 1445); et de la Seine (nos. 304 et 1714).

Le nombre, la finesse et l'assemblage des dents de ces peignes, tout les rend dignes de contribuer à la perfection reconnue des tissus français.

Alènes. Deux fabriques d'alènes, qui sont en grande activité dans le département de la Meurthe, ont exposé leurs produits (nos. 62 et 65).

Le premier de ces établissemens fournit annuellement au commerce six cent mille alènes pour cordonniers et autres, le second en fournit quinze cent mille. On sait que la fabrication de ces modestes instrumens, qui sont précieux à plusieurs arts, est aussi en activité à Marseille, dans le département des Bouches-du-Rhône. Ainsi, les alènes que la France ne pouvait encore se procurer, il y a quelques années, qu'en les tirant de l'étranger, lui sont aujourd'hui fournies en abondance par des fabriques françaises.

L'utilité de ces toiles, dans lesquelles on voit le métal rivaliser de finesse avec le tissu des étoffes les plus délicates, est reconnue dans les nombreux ateliers qui font usage de tamis ou de cribles, dans les manufactures de papier et dans tous les établissemens où les toiles métalliques sont employées pour les gardes-feu, les lampes de sûreté, les stores de fenêtre, et pour d'autres usages très-variés. *Toiles métalliques.*

Des objets fabriqués en fil de fer, fil de cuivre, fil de laiton et fil d'argent, parmi lesquels on remarque un tissu croisé d'acier, d'or, d'argent, et d'acier bronzé et bruni, ainsi que d'autres produits du même genre, sont exposés par les départemens du Bas-Rhin (nᵒˢ. 776, 984 et 1427); de la Seine (nᵒˢ. 1477 et 1490); de la Charente-Inférieure (nᵒ. 621); et du Nord (nᵒ. 686).

La beauté de ces ouvrages attire les regards du public. On remarque avec surprise des gazes métalliques d'un tissu égal et d'un fini précieux, ainsi qu'un gilet fabriqué en tissu métallique. Tous ces objets prouvent que ce genre de fabrication s'est encore perfectionné, en France, depuis l'exposition de 1819.

Des clous à monter sont exposés par le département de la Meurthe (nᵒ. 62). Ils proviennent d'un établissement qui a déjà été indiqué relativement à la fabrication des alènes et poinçons. *Clouterie.*

D'autres clous de toutes sortes sont envoyés par le département de la Somme (n°. 504). Dans l'usine qu'indique ce dernier numéro, on fabrique annuellement 300 quintaux métriques de clous de toute espèce.

Le département de la Seine (n°. 1220) présente des clous. dits pointes de menuisier, de serrurier, de vitrier et autres, dont la pointe est façonnée au tour.

Le département de l'Ain expose des pointes de Paris, ou *pointes à vitrier,* qui proviennent d'une fabrique récemment établie.

Il serait superflu de s'étendre sur l'importance de la clouterie, dont presque tous les arts empruntent le secours.

Acier poli et quincaillerie fine. Le département de la Seine présente de l'acier poli, servant à l'horlogerie, et divers objets en acier poli (n°s. 1167 et 1196). Ces produits sont dignes de la réputation des fabriques françaises. La beauté du poli que prend l'acier de France se fait sur-tout admirer dans les bijoux d'acier que réunit l'exposition de 1823.

Bijouterie d'acier. Des peignes d'acier poli proviennent du département du Nord (n°. 693) ;

Des boucles et éventails, du département de l'Yonne (n°. 559) ;

Divers articles de bijouterie d'acier, des départemens du Bas-Rhin (n°. 776) ; et de la Moselle (n°. 559).

Des bagues et boucles (n°. 313); divers bijoux (n°. 1407); des gardes d'épée, des croix, des médaillons (n°. 587); un bouquet de fleurs artificielles et une écharpe (n°. 1046) proviennent du département de la Seine.

La beauté de ces ouvrages soutient et accroît

encore la réputation des fabriques françaises.

Un grand nombre de beaux ouvrages de ser-
rurerie proviennent des départemens du Haut-
Rhin (n°. 710); de la Somme (n°. 492); de
l'Aube (n°. 1591); de Maine-et-Loire (École
royale d'Angers); des Hautes-Alpes (n°. 20);
et de la Seine (nos. 325, 645, 769, 808, 1671 et
1745).

La fabrique renommée qui existe à Beaucourt,
département du Haut-Rhin (n°. 710), présente,
parmi ses nombreux articles de quincaillerie,
des serrures et cadenas à pênes circulaires; objets pour lesquels le fabricant a pris un brevet
d'invention en 1822.

Les actives fabriques qui existent à Escarbotin, département de la Somme, présentent (n°.
492) des cylindres cannelés propres aux filatures; des serrures de sûreté, des serrures à secret et d'autres articles du même genre.

Le département de l'Aube (n°. 1591) a envoyé une serrure à quatre clefs, dont chacune
diffère des trois autres par sa forme, et peut
néanmoins ouvrir et fermer la serrure. A côté de
cette pièce de haute serrurerie, figurent divers
autres mécanismes.

L'École royale d'arts et métiers d'Angers présente des serrures d'appartemens, de meubles
et de coffres-forts.

Le département des Hautes-Alpes (n°. 20)
expose un cache-entrée de serrure, d'une nouvelle invention, et une espagnolette de fenêtre.

Les objets envoyés par divers fabricans du
département de la Seine consistent en serrures,
coffres-forts, cadenas à combinaisons, modèles di-

vers, et autres objets qui sont connus sous le nom de haute serrurerie.

Tous ces produits méritent l'attention du jury central : les uns, par des combinaisons ingénieuses et par leur belle exécution ; les autres, par la modicité de leur prix.

On remarque particulièrement parmi ces objets : des châssis de fenêtre, en tôle, ornés de moulures, qui sont courbés et façonnés au marteau (n°. 769); un compas de nouvelle invention (n°. 218); des modèles d'ateliers de serrurerie (nos 205 et 218); le modèle d'un mausolée en fer poli, monument élevé à la mémoire d'un Prince dont la perte afflige tout Français (n°. 234).

Coutellerie.

Cinquante-deux envois de coutellerie figurent dans l'exposition de 1823. Ils proviennent des départemens du Calvados (n°. 1152); de la Manche (nos. 730, 731 et 1411); des Côtes-du-Nord (n°. 749); de la Meurthe (n°. 459); de la Haute-Marne (nos. 561 et 563); de la Vienne (nos. 66, 67 et 68); de la Loire (n". 741); des Bouches-du-Rhône (n°. 875); du Puy-de-Dôme, département qui présente treize envois distincts (nos. 25 à 37); et de la Seine, département qui expose les produits de vingt-six fabriques (nos. 278, 308, 310, 312, 345, 346, 464, 602, 704, 866, 870, 1003, 1018, 1032, 1163, 1211, 1219, 1330, 1421, 1474, 1534, 1567, 1575, 1662, 1687 et 1701).

Parmi ces nombreux produits, qui se font presque tous remarquer, soit par la bonté des lames et l'élégance des montures, soit par la variété des objets et la modicité des prix, on distingue particulièrement d'excellens rasoirs, couteaux de table, canifs et ciseaux, ainsi que des instrumens de chirurgie dignes d'être employés, comme

ils le sont effectivement, par les chirurgiens français.

Un grand nombre d'outils divers et d'objets
de grosse quincaillerie proviennent des départemens ci-après indiqués.

Le Bas-Rhin (n°. 773) expose, outre des outils tranchans de menuisier, de tourneur et autres, une multitude d'articles de quincaillerie,
dont la fabrication a été introduite, depuis l'année 1819, dans la manufacture de Molsheim. On
sait que cette manufacture appartient aux mêmes
propriétaires que les fabriques d'armes à feu de
Muutzig, que la fabrique d'armes blanches de
Klingenthal, et que plusieurs autres grands ateliers également situés dans le département du
Bas-Rhin.

Le Haut-Rhin (n°. 710) présente, comme produits de la manufacture de Beaucourt, des charnières en fer et en cuivre, des vis à bois, des an-
neaux et vrilles, des vis en cuivre, des clous pour
les caisses à eau qui sont employées dans la marine, et des serrures déjà mentionnées dans l'article de la serrurerie.

Les Ardennes (n°. 379) exposent des fourchettes de fer étamées et polies, des gourmettes
et d'autres objets de quincaillerie.

L'Aube (n°. 1025) présente des fers de rabot;

Le Jura (n°. 142), des fers de bottes et des instrumens d'agriculture ;

Les Hautes-Alpes (n°. 21), des outils pour tailleurs de pierre;

L'Yonne (n°. 337), un échenilloir de nouvelle invention ;

Le Doubs (n°. 782), divers outils dans la fabrication desquels on emploie la tourbe comme combustible.

La Haute-Marne (n°. 564) expose des burins ;

L'École royale de Châlons-sur-Marne, des enclumes, des étaux et des filières ;

L'École royale d'Angers, des étaux, des bigornes, des doloires, des cisailles et des peloteuses ;

Le département de la Moselle (n°. 715), des poêles à frire et des instrumens aratoires ;

La Charente (n°. 618), des outils d'agriculture et de tonnellerie ;

L'Ariège (n°. 54), des outils d'acier raffiné, propres à la ciselure des métaux ;

L'Orne (n°. 469), une filière pour tirer les fils des cardes ; et (n°. 468), un marteau propre à la taille des meules de moulin.

La Loire-Inférieure (n°. 744) expose des câbles en fer, à l'usage de la marine. Cette même fabrication doit bientôt être mise en activité dans les forges royales de la marine, à Guérigny, département de la Nièvre.

Le seul département de la Seine présente les produits de vingt-quatre fabriques distinctes, d'outils divers et de quincaillerie (n°ˢ. 146, 166, 167, 238, 267, 277, 293, 305, 325, 594, 473, 636, 650, 1087, 1095, 1225, 1280, 1305, 1319, 1527, 1528, 1542, 1588 et 1696).

Parmi ces produits, qui offrent une très-grande variété, on remarque principalement des outils de taillanderie, de jardinage, de menuiserie ; des outils de cartonnier et autres ; des bouts d'épissoir pour cordiers et vanniers ; des instrumens d'agriculture ; des tours, des étaux, des vis, des pelles et pincettes , des sonnettes, cloches et grelots; des dés à coudre; des cymbales d'acier; des presses, des burins, des outils d'horlogerie; et une sonde à l'usage des mineurs (n°. 1542).

L'exposition réunit six envois d'armes blanches en damas : ils proviennent des départemens de la Nièvre (n°. 221); des Bouches-du-Rhône (n°. 875); de la Seine (n°s. 464, 1575 et 1620); et du Bas-Rhin (n°. 773). Armes blanches.

L'envoi présenté par le département de la Seine (n°. 1620), consiste en des lames d'acier fondu damassé, qui sont dues aux savans travaux de M. le vérificateur général des essais de la Monnaie de Paris.

La fabrication du damas, qui fut long-temps, en France, l'objet de recherches infructueuses, est aujourd'hui devenue toute française. Les damas de France sont estimés, même dans l'Orient. La manufacture sus-mentionnée du département des Bouches-du-Rhône (n°. 875), envoie chez les Orientaux des lames damassées, dans la fabrication desquelles le platine est allié à l'acier.

Quant aux armes blanches ordinaires, la supériorité des manufactures de la France est depuis long-temps reconnue, et l'émulation paraît s'être concentrée sur la fabrication des lames damassées. C'est vraisemblablement par ce motif qu'on n'en voit pas figurer d'autres dans l'exposition de 1823.

Dix-sept envois d'armes à feu sont présentés par les départemens de l'Ariège (n°. 249); de la Loire (n°s. 741 et 742); de Saône-et-Loire (n°. 780); de l'Orne (n°. 471); de la Meuse (n°. 613); d'Ille-et-Vilaine (n°. 410); de Seine-et-Oise (n°. 291), et de la Seine. Ce département présente neuf envois (n°s. 952, 953, 1062, 1090, Armes à feu.

1229, 1433, 1621, 1626 et 1712). L'exposition de 1819 n'offrait, pour toute la France, que sept envois de ce genre.

Parmi les produits de 1823, on remarque principalement un fusil de munition, à magasin volant (n". 742); des fusils à percussion (n°. 780); un fusil à piston (n°. 613); un fusil double à système (n°. 1712); des canons à rubans d'acier et une platine à système, garnie en acier (n°. 291); des fusils doubles et un nécessaire de fusil (n°. 952); deux carabines à sept coups (n°ˢ. 952 et 953); un nécessaire de pistolets à double détente (n°. 953); et en général de belles armes de chasse et de beaux pistolets.

A côté de ces objets, qui confirment la réputation des armes à feu de fabrique française, il est à propos de faire mention de cartouches imperméables et de capsules métalliques, qui sont envoyées par le département de l'Yonne (n°. 538).

SECONDE PARTIE.

Détails concernant les produits métallurgiques exposés en 1823.

Après avoir considéré l'ensemble des objets exposés, entrons dans les détails qui doivent former la seconde partie de ce rapport.

Plomb.   Le plomb, pour jouir de la ductilité qui lui est propre, doit être exempt de tout alliage qui rendrait ce métal aigre ou cassant. On a donc une preuve non équivoque de la pureté et de la ductilité du plomb, lorsqu'on le voit se prêter, sans rupture ni gerçure, à toutes les formes que peuvent exiger de lui, soit le marteau, soit le laminoir, soit la filière. Telles sont effectivement les qualités qu'il est facile de reconnaître dans tous les produits en plomb, que réunit l'exposition de 1823.

Le plomb laminé en tables et les tuyaux fondus et étirés, de M. Lenoble, à Paris (n°. 1041), méritent d'être distingués.

Il en est de même des produits de M. Pavalier fils, à Marseille (n°. 1726), lequel fut mentionné honorablement en 1819.

Une série de vingt tuyaux de plomb, dont les calibres sont gradués depuis quatre pouces jusqu'à quatre lignes de diamètre, atteste les progrès de la fabrication des tuyaux de plomb étirés à la filière, et sans soudure (n°. 1041).

Le plomb laminé de M. Falatieu, Vosges (n°. 76), produit obtenu par le procédé de M. Jeandon, mérite aussi d'être remarqué. Nous aurons occasion de revenir, au sujet du fer-blanc, sur le grand établissement de Bains, Vosges, d'où provient ce plomb laminé.

M. Pécard-Taschereau, à Tours (n°. 515), lequel obtint une médaille de bronze, en 1819, pour du minium et du plomb de chasse, se montre toujours digne de cette distinction, par la qualité de ces mêmes produits.

M. Moulin, à Paris (n°. 281), par imitation d'un procédé anglais, fabrique de beau plomb de chasse, en le faisant tomber du haut d'une tour.

M. Roard (n°. 705), qui obtint, en 1819, une médaille d'or, soutient la réputation de sa belle fabrique de céruse, qui existe à Clichy, près Paris.

M. Salomon, à Marseille, Bouches-du-Rhône,

(n°. 878) fabrique de la céruse qui est recherchée dans le commerce.

MM. Mouvet et Mathieu, du département du Loiret (n°ˢ 600 et 1117), ont exposé de beaux produits du même genre.

MM. Laurence et compagnie, de Poitiers (n°. 1521), méritent d'être encouragés dans leurs recherches de minerais de plomb et de zinc.

Cuivre. Le cuivre, pour être en état de céder convenablement au laminoir, au marteau et à la filière, doit avoir été affiné, et ensuite traité avec un soin tout particulier. La beauté des produits exposés en ce genre prouve l'habileté des fabricans français. Il suffira, pour s'en convaincre, de se rappeler les dimensions et le poids de quelques-unes des pièces présentées aux regards du public.

Les entrepreneurs des fonderies de Romilly, département de l'Eure (n°. 1525), ont exposé une planche de cuivre laminé, dont

mètres.

La longueur est de.. 3,950
La largeur, de 2,080
L'épaisseur, de.. 0,002
Et le poids, de 201 kilog. 8 hectog.

Un fond de chaudière martiné, provenant de la même manufacture, a

mètre.

De diamètre.. 1,600
De profondeur.. . . . . 0,447;
Il pèse 280 kilog. $\frac{1}{2}$.

La même manufacture fournit une grande quantité de clous à bordage, à doublage, à rivet, des crampes, des viroles en cuivre, objets destinés au service de la marine, ainsi que des feuilles à doublage. Les entrepreneurs de ce bel établis-

sement se montrent toujours dignes de la médaille d'or qui leur fut décernée en 1819.

MM. Débladis, Auriacombe, Guérin jeune et
Bronzac (n°. 227), propriétaires actuels du bel
établissement d'Imphy (Nièvre), auquel une médaille d'or fut décernée en 1819, ont exposé une
planche de cuivre laminé dont

mètres.
La longueur est de. 5,0000
La largeur, de. 1,0650
L'épaisseur, de 0,0045
Et le poids, de . 308 kilog. 8 hectog.

Un fond de chaudière en cuivre, provenant de
la même manufacture, a

mètre.
De diamètre. 1,75
Et de relevé, ou profondeur. . . . . 0,16 ;
Il pèse . . 208 kilog. 9 hectog.

Une feuille de cuivre, laminée dans le même
établissement d'Imphy, pour la couverture de la
cathédrale de Rouen, a

mètre.
De longueur. 1,65
De largeur. 1,30
D'épaisseur. . . . . $\frac{1}{4}$ de mill. ;
Elle pèse 15 kilog. 2 hectog.

Une autre feuille, pour la couverture d'un établissement d'éclairage par le gaz, a

mètre.
De longueur. 1,02
De largeur. 0,51
D'épaisseur, moins d'un $\frac{1}{2}$ millimètre ;
Elle pèse 1 kilog. $\frac{1}{4}$.

Parmi les nombreux produits de cette usine,
on remarque encore des feuilles de doublage
suivant le modèle de la marine française, et d'autres suivant le modèle de la marine anglaise ; les

premières ont 60 pouces de long sur 18 de large ; les secondes 44 sur 15.

Il serait superflu d'insister pour faire voir que l'établissement d'Imphy se montre de plus en plus digne de la distinction qu'il obtint en 1819.

Dans cette importante usine, on emploie annuellement environ 4500 quintaux métriques de cuivre, et 3000 quintaux métriques de fer.

MM. Witz Stefan, Oswald frères et compagnie, de Niederbrück, Haut-Rhin (n°. 194), ont exposé des planches de cuivre laminé, et d'autres objets de leur fabrication courante, qui sont très-bien exécutés.

Parmi les nombreux produits en cuivre, on remarque une coupe ou chaudière, dont

Le diamètre est de. . . . . 0,9745 (3 pieds.)   *mètre.*
La profondeur, de.. . . . 0,8120 (2 pieds$\frac{1}{2}$.)
Et le poids, de 29 kilog.

Cette coupe, la plus grande de celles qui figurent à l'exposition, est fabriquée au martinet; elle prouve l'excellente qualité de la matière, et l'habileté de l'ouvrier.

Ces fabricans ont aussi exposé des plaques et barreaux de cuivre parfaitement pur, qui sont employés à Paris pour la fabrication du plaqué, ou *doublé d'argent.*

Des feuilles à émailler, qu'ils présentent, ne pèsent que 75 grammes le pied carré.

On voit parmi leurs produits deux belles planches destinées à la gravure : chacune de ces planches a

De longueur. 1,2950   *mètre.*
De largeur.. 0,7308
D'épaisseur.... 0,0055,

Et pèse 49 kilog. $\frac{1}{4}$.

Le prix de ces planches, faites du cuivre le plus fin, est de 4 francs 50 cent. le kilogramme. Les mêmes fabricans présentent de beaux produits en laiton et en fil métallique.

L'établissement de Niederbrück existe depuis environ treize ans; son activité s'est constamment accrue, en même temps que ses produits se sont perfectionnés.

M. Parand, de Limoges, Haute-Vienne (n°. 1012), présente des bassins de cuivre bien exécutés, dont le prix est de 5 francs 60 cent. le kilogramme. Son établissement, qui n'existe que depuis l'année 1820, occupe quarante ouvriers, et met en œuvre environ 1000 quintaux métriques de cuivre, dont près de la moitié consiste en vieux métal à refondre. Le jury départemental fait l'éloge de ce fabricant.

M. Bobilier, de Pontarlier, Doubs (n°. 1746), possède une usine, qui, depuis l'année 1819, a pris beaucoup d'accroissement; il emploie cinquante-quatre ouvriers. Les pièces de cuivre qu'il expose, telles que cuivre laminé, coupes de chaudières et tuyères, sont d'une exécution satisfaisante.

C'est ici le lieu de citer M. le comte du Saillant, préfet de la Dordogne, comme ayant exposé (n°. 24) des échantillons de minerais de cuivre découverts dans le département de la Corrèze, et des objets en cuivre provenant de ces minerais.

Quant aux sieurs Mertian, de Montataire, Oise (n°. 1698); Villette, de Lyon (n°. 444); et Gardon de la même ville (n°. 834), leurs produits en cuivre méritent aussi d'être remarqués; mais nous reviendrons plus tard sur ces mêmes fabricans, en considérant le fer et les tréfileries.

Zinc. La ductilité que l'on est parvenu à donner au zinc, à ce métal qui fut long-temps regardé comme imparfait, et même nommé *demi-métal*, dépend en grande partie de l'habileté avec laquelle on le traite. De grandes difficultés ont été vaincues à cet égard.

M. le baron Saillard, dans les établissemens de Fromelenne, Givet, Floymont et Ryppelle, Ardennes (n°. 150), où il a succédé à M. le baron de Contamine, fondateur de cette branche d'industrie, traite annuellement au laminoir environ 2000 quintaux métriques de zinc. Outre de grandes feuilles de zinc, ce fabricant présente des cahiers de zinc laminé à de très-petites épaisseurs ; il expose aussi diverses variétés de fil de laiton. M. Saillard se montre de plus en plus digne de la médaille d'argent, qui lui fut décernée en 1819.

M. Talabot, de Paris (n°. 1191), ancien élève de l'École polytechnique, après avoir étudié la fabrication du zinc dans les plus célèbres ateliers de l'Europe, a établi à Paris une usine de ce genre, au commencement de l'année 1822. Il occupe environ quarante ouvriers. Déjà les baignoires et les robinets qu'il fabrique sont employés dans les bains d'Enghien, près Paris. Il répand aussi dans le commerce des tuyaux, des fontaines et d'autres objets dont le prix varie de 2 fr. 50 cent. à 5 fr. 50 cent. le kilogramme. En général, les prix du zinc, dans l'établissement de M. Talabot, sont inférieurs d'un tiers aux prix des mêmes objets confectionnés ailleurs en cuivre. Ce fabricant éclairé opère la fusion du zinc de telle manière, que le régule de ce métal ne présente plus les lames miroitantes qui le rendaient extrêmement fragile, mais au contraire offre un aspect uniformément grenu et grisâtre.

M. Mosselman, propriétaire d'une célèbre mine de zinc dans le pays de Limbourg, et d'une usine renommée qui a long-temps existé à Liége pour la fabrication de ce métal, a récemment transporté cette industrie, du pays étranger, dans le département de la Manche, à Valcanville. Ses produits déjà mentionnés, tels que feuilles laminées, clous pour le doublage des vaisseaux, tuyaux et gouttières, ne sont pas moins recommandables que ceux des établissemens indiqués ci-dessus.

Le laiton doit être exempt de ce défaut de liaison que l'on nomme *pailles*, céder convenablement à la lime, se laisser percer avec netteté sans se fendre ni éclater, être propre à la soudure, et dans certains cas, par exemple pour la fabrication des instrumens à vent, se laisser évaser sous le marteau sans se déchirer. Laiton.

Ces qualités sont réunies, d'une manière satisfaisante, dans les produits qui sont exposés par les établissemens sus-mentionnés : de Niederbrück, Haut-Rhin (n°. 194); de Romilly, Eure (n°. 1525); de Fromelenne, Ardennes (n°. 150). On voit une preuve frappante de la bonne qualité du laiton français dans un grand nombre d'instrumens à vent et d'appareils d'éclairage, qui font partie de l'exposition, et sur-tout dans les instrumens d'optique et d'astronomie que l'on y admire.

Dans les ouvrages en bronze, nous n'avons dû considérer que la qualité de l'alliage métallique, abstraction faite du goût qui a dirigé l'exécution. Tous les produits de ce genre qui ont déjà été indiqués, prouvent suffisamment, par la variété Bronze.

et par l'exactitude des formes, la bonne qualité de la matière employée.

L'École royale de Chalons-sur-Marne rappelle, par ses nouveaux produits, la médaille d'or qui lui fut décernée en 1819.

M. Thomyre, de Paris (n". 1543), obtint une médaille d'or, en 1806, pour de beaux ouvrages en bronze ; il se montre de plus en plus digne de cette distinction en 1823, notamment par un magnifique surtout de table, en bronze doré.

MM. Galle et Desnières, de Paris (n". 1583 et 1616), méritent également qu'on rappelle qu'une médaille d'argent fut décernée à chacun d'eux, en 1819, pour de beaux ouvrages en bronze.

M. Choiselat (n". 1581), et M. Lelong (n". 1540), de Paris, méritent d'être distingués : le premier, pour des candélabres ; et le second, pour des chaînes en bronze.

M. de Puymaurin fils (n°. 1171), dans la Monnoie royale des médailles, a parfaitement réussi à exécuter des médailles coulées en bronze, dont la composition est la même que celle des médailles antiques, et qui ont, sur les médailles frappées en cuivre, l'avantage d'une durée indéfinie. On sait que cet habile métallurgiste s'est livré à d'utiles recherches concernant les métaux, et qu'il les a publiées dans un mémoire qui a fixé honorablement l'attention de l'Académie royale des Sciences. (*Voy. ce Mémoire*, Paris, 1823.)

L'alliage métallique duquel résultent les médailles coulées en bronze, est composé, pour cent parties, d'environ 92 de cuivre et 8 d'étain. Comme le métal coulé doit éprouver un retrait en se refroidissant, il faut que la médaille frappée en cuivre, que l'on emploie comme modèle pour

préparer le moule, soit rendue un peu plus grande
que la médaille de bronze, qu'il s'agit d'obtenir.
M. de Puymaurin est parvenu à compenser exactement cette légère différence de dimensions. Par
exemple, pour une médaille dont le module est
de 22 lignes, il suffit d'étamer la pièce de cuivre
avant de la placer dans le sable. De cette manière,
on obtient un moule qui est propre à reproduire
exactement la même médaille, coulée en bronze.

Le sulfure de mercure doit briller d'un vif éclat   Mercure.
pour mériter le nom de vermillon. Tel est le
produit exposé par M. Desmoulins, de Paris,
(n°. 266). Ce fabricant obtint une médaille de
bronze en 1819. Depuis cette époque, il a étendu
et perfectionné sa fabrication.

La fonte de fer, pour être propre à la fabrica-   Fonte de
tion, soit du fer, soit de l'acier, soit des ouvrages fer.
coulés en fonte, doit présenter certains carac-
tères que l'on reconnaît, tantôt à sa couleur ou à
sa cassure, tantôt par le moyen du marteau et
de la lime, tantôt en la chargeant de poids, mais,
mieux encore, par la bonne qualité des produits
qui en résultent. C'est principalement sous ce
dernier rapport que les objets exposés ont été
soumis à un examen attentif.

La compagnie des mines de fer de Saint-Etienne
(n°. 1174), établissement qui s'est formé, en 1821,
sous la direction de M. de Gallois, ingénieur en
chef des mines, obtient, par le moyen de la houille,
de bonne fonte, qui provient du minerai de fer des
houillères. Les échantillons du fer qui en résulte
possèdent en général les qualités qui caractéri-
sent un bon fer, obtenu par le même procédé,

3.

quoique ces échantillons ne se laissent pas très-bien ployer à froid ; ce qui, au surplus, leur est commun avec les fers anglais. Néanmoins, des ustensiles, tels que des cuillers, qui ont été fabriqués avec du fer provenant de cette fonte, attestent la bonne qualité de la matière.

MM. Beaunier et Milleret (n°. 482), par les succès qu'ils ont obtenus à Saint-Hugon, département de l'Isère, dans la fabrication de la fonte pour acier, se montrent de plus en plus dignes d'une médaille d'or, qui fut décernée à chacun d'eux en 1819.

M. le marquis de Louvois (n°. 556), dans son usine d'Ancy-le-Franc, qu'il a nouvellement établie, et qu'il alimente d'excellens minerais, par lui découverts en abondance, produit une fonte douce et malléable. Cette fonte se laisse limer, buriner, tarauder, et travailler au tour ; elle prend un poli analogue à celui de l'acier. Parmi les produits exposés, on remarque des écroux avec leurs vis, et un étau en fonte provenant du haut-fourneau d'Ancy-le-Franc.

MM. Derosne et Vertel, Doubs (n°. 1748), méritent aussi d'être distingués, pour être parvenus à fabriquer avec succès des ustensiles de ménage, en fonte de fer, qui est couverte intérieurement d'un émail.

MM. Risler frères, et Dixon, à Cernay, Haut-Rhin (n°. 193), exécutent, avec une grande précision, des pièces de machines en fonte de fer qui est coulée au sable vert. La fonte qu'ils emploient provient d'usines françaises.

MM.Waddington frères, Eure-et-Loir (n°.724), obtiennent le même succès dans le même genre de fabrication ; mais jusqu'à présent c'est principalement de fonte tirée d'Angleterre, que ces fabricans font usage.

M. Blum, dans les forges de Magny-Vernois et de Saint-George, Haute-Saône (n°. 865), exécute de beaux objets coulés en fonte de fer.

M. Mentzer, de Paris (n°. 926). lequel fut mentionné honorablement, en 1819, pour des mortiers en fonte de fer tournés et polis, a étendu ce genre d'industrie à divers autres objets, tels que colonnes de balance et mortiers de lapidaire.

MM. Dumas, de Paris (n°. 1204), sont dans le même cas. A leur fabrication de roulettes, qu'ils ont perfectionnée, ils ont ajouté, avec succès, une fabrication de cuillers et fourchettes, de boucles de sellerie, de médailles et d'ornemens en fonte de fer coulée : ces produits soutiennent la comparaison avec les objets du même genre qui proviennent des célèbres fonderies de la Prusse.

MM. Sagnard, Meneu et compagnie, Loire (n°. 740), méritent d'être distingués pour divers acticles de quincaillerie en fonte de fer douce, qui sont d'une belle exécution.

On regarde en général comme fer de bonne qualité celui qui n'est cassant ni à chaud ni à froid, qui est en même temps ductile et ferme, et qui se laisse bien souder au feu de forge sans se dénaturer.

En général, tous les fers exposés ont satisfait à ces conditions, dans les essais auxquels ils ont été soumis.

M. de Wendel, dans le département de la Moselle (n°. 558), possède deux grandes usines, Hayange et Moyœuvre, qui étaient connues pour ne fournir que des fers cassans, lorsque ces fers étaient affinés au charbon de bois. Depuis que

M. de Wendel a introduit dans ses établissemens l'affinage à la houille, et l'étirage au laminoir, la qualité de ces mêmes fers s'est considérablement améliorée. Pour arriver à ce point, il a fallu vaincre plus de difficultés dans le département de la Moselle, vu la médiocre qualité des minerais de fer de Hayange, que n'en pouvaient présenter ailleurs les fontes de fer, dès long-temps renommées, du Berri et du Nivernois.

M. de Wendel répand annuellement dans le commerce environ 50000 quintaux métriques de fer de différens échantillons; il occupe douze cents ouvriers. Pour établir deux grandes forges à l'anglaise, ce fabricant n'a employé aucun ouvrier anglais : il est parvenu à former lui-même ses ouvriers français à ce nouveau travail. L'excellente qualité des tôles et fers-blancs que fabrique M. de Wendel se joint aux motifs qui viennent d'être indiqués, pour le rendre digne d'une distinction.

MM. Labbé, et Boigues frères, à Fourchambault, Nièvre (n°. 226), ont fondé, en 1820, une grande forge à l'anglaise, qui déjà procure en abondance des fers de tout calibre et de la meilleure qualité. Cet établissement est la suite des forges de Grossouvre, Cher, qui, sous le nom de MM. Paillot et Labbé, obtinrent une médaille d'or, en 1819, pour l'étirage du fer au laminoir. Actuellement les forges de Grossouvre sont transférées à Fourchambault : dans cette vaste usine qu'on peut regarder comme un monument de l'industrie française, le principal atelier a 220 pieds de long, 117 de large et 24 pieds de hauteur. Outre une belle machine à vapeur, qui répand le mouvement par-tout, on y voit dix fourneaux à réverbère, et le nombre en sera encore augmenté. La fonte de

fer, obtenue au bois, est assurée à cet établissement par neuf hauts-fourneaux, dont cinq sont
situés dans le Berri, et quatre dans le Nivernois;
ils sont tous des dépendances de l'usine de
Fourchambault. Avec les fers de Fourchambault,
on a fabriqué divers objets, de l'exécution la plus
difficile, et notamment des clous, des fers à che-
val, des clefs, des serrures, ainsi que des câbles-
chaînes pour la marine; on les voit à l'exposition. Ces produits ont résisté aux plus fortes
épreuves. Il a été reconnu, par expérience, qu'à
égal diamètre, les fers ronds fabriqués à la houille
et au laminoir étaient plus propres à la fabrication des câbles, ou *chaînes d'amarrage*, que les
fers ronds forgés au charbon de bois et au martinet.

MM. Labbé, et Boigues frères, de Fourchambault, méritent une distinction par leurs efforts
et par leurs succès. Il est également juste de
rappeler que l'habile directeur des forges de
cette compagnie, M. Dufaud, obtint en 1819
une médaille d'or, dont il se montre de plus en
plus digne.

Ajoutons que M. Louis Boigues, l'un des fondateurs de l'usine de Fourchambault, fut aussi l'un
des fondateurs de l'établissement d'Imphy, dans
le département de la Nièvre; qu'il est, de plus,
l'un des principaux propriétaires de l'usine du
Janon, dans le département de la Loire, l'un des
entrepreneurs d'un chemin de fer, dont l'exécution est projetée auprès des mines de ce département, et l'auteur de plusieurs autres grandes
entreprises métallurgiques. Ce capitaliste, aussi
éclairé qu'entreprenant et actif, est sans contredit
l'un des hommes qui ont le plus contribué, dans

ces derniers temps, au développement de l'industrie française.

MM. Mertian frères, à Montataire, Oise (n°. 1698), ont fabriqué de bon fer avec de vieilles fontes, par le moyen de la houille et du laminoir. Leur établissement, qui produit aussi de bon cuivre et de bon fer-blanc, est toujours digne de la médaille d'or qu'il obtint en 1819.

Les forges de Moncey, qui appartiennent à M. le maréchal duc de Conégliano, Doubs (n°. 784), méritent d'être distinguées, pour des échantillons de fer fabriqué avec la houille, mais forgé au marteau.

MM. Aubertot père et fils, à Vierzon, Cher (n°. 525), soutiennent et accroissent la réputation des fers du Berri, qu'ils fabriquent au charbon de bois et au marteau, suivant l'ancien procédé. Ces habiles maîtres de forge ont exposé un bandage de roue percé à froid par le moyen d'une mécanique. Cette fabrication, qui est en activité constante dans la forge de Vierzon, prouve, ainsi que les autres produits de la même usine, l'excellente qualité des fers que MM. Aubertot répandent en grande quantité dans le commerce. On a reconnu, par les essais, que les fers de Vierzon prennent, à la trempe, une certaine dureté, et qu'alors ils se rapprochent de l'état d'acier par leur fragilité et par leur grain; mais que, s'ils se refroidissent lentement, ils sont capables de se courber d'équerre sans se rompre. MM. Aubertot, qui furent mentionnés honorablement en 1819, ont perfectionné les divers produits de leur établissement.

Il convient aussi de remarquer les progrès qu'a faits l'industrie de MM. Thué et Mater, maîtres de forge à Crozon, Indre (n°. 321). Ces maîtres de forge ont exposé des fers en verges pour la clouterie, qui sont de très-bonne qualité ; ils en fabriquent annuellement 1500 quintaux métriques qu'ils livrent aux cloutiers des départemens circonvoisins, pour le prix de 60 fr. le quintal métrique. Les ouvriers recherchent ces produits, parce qu'il en résulte des clous nerveux, doux et non pailleux, et parce qu'ils éprouvent peu de déchet à la forge.

Les essais que M. le duc de Raguse a entrepris dans ses forges de Châtillon (Côte-d'Or), pour l'affinage du fer par le moyen du bois dans le fourneau de réverbère, et pour l'étirage au laminoir, méritent d'être remarqués. Le Jury central regrettera sans doute que les produits de cette innovation, qui peut devenir très-importante, se trouvent exclus du concours, parce que les fers obtenus par le nouveau procédé n'ont pas pu être soumis à l'examen préalable du jury départemental.

La propriété de devenir très-dur par la trempe sans se gercer, et cependant une grande ténacité, deux avantages qui semblent s'exclure réciproquement, telles sont les qualités dont on exige la réunion dans l'acier, pour qu'il soit propre à la fabrication de toutes sortes d'outils. Il faut, de plus, que chaque morceau d'acier puisse être forgé et soudé, tant sur lui-même que sur du fer.

Dans les essais de ce genre, on doit avoir grand soin de ne chauffer l'acier qu'au degré convenable, et d'employer de préférence le charbon de bois comme combustible. Il importe surtout de ne chauffer l'acier fondu, avant de le forger, que dans des moufles de terre qui soient

inclinées de telle manière, que l'air ne puisse pas
s'y renouveler.

Quant à la trempe de l'acier, il convient d'employer, tant pour la trempe proprement dite, que
pour le recuit des pièces trempées, un bain de
plomb, qui soit élevé à la température qu'exige la
qualité d'acier qu'on se propose d'obtenir. Par
exemple, pour les outils, tels que burins, ciseaux,
crochets de tour, etc., après avoir commencé par
les tremper durs, il faut leur donner le recuit en
chauffant dans le bain de plomb l'extrémité op-
posée au tranchant, et les plonger ensuite dans
l'eau froide, aussitôt que la couleur du recuit
offre précisément la nuance que le trempeur a
sous les yeux, comme modèle de son opération.

La trempe au paquet, la demi-trempe qui ramollit l'acier fondu, et la trempe dure des tranchans d'acier fondu, après décarbonisation de la
surface des lames, opération qui procure des
tranchans capables de couper le fer, sont autant
de procédés très-délicats ; ils exigent tous des
précautions particulières, faute desquelles plus
d'un fabricant a méconnu les qualités de l'acier
qui lui était offert. Aujourd'hui, plus expéri-
mentés, les fabricans français emploient l'acier
de France avec succès ; et nous n'avons rappelé
les précautions nécessaires, que pour constater
qu'elles n'ont pas été omises dans nos essais comparatifs des aciers de France.

Avec tous les aciers de l'exposition, on a fabriqué des burins, des ciseaux, des crochets de
tour, etc., après quoi l'on s'est servi de ces outils
pour couper et pour tourner du fer et de la
fonte, capables de les mettre à l'épreuve.

Les aciers fondus et autres, de la Bérardière,

Loire (n°. 739), et de Rives, Isère (n°. 482), prouvent que M. Beaunier est de plus en plus digne de la médaille d'or qui lui fut décernée en 1819. Ces aciers se laissent étirer en baguettes des plus petites dimensions. Les consommateurs ne leur font qu'un reproche, c'est de n'être pas encore répandus avec assez d'abondance dans le commerce; mais, les accroissemens que prend l'usine de la Bérardière la mettront bientôt en état de satisfaire aux commandes, qui se multiplient de jour en jour.

MM. Jackson père et fils, à Outrefurens, Loire (n°. 736), fabriquent des lingots et des barres d'acier fondu. On remarque, à l'exposition, la grosseur de leurs lingots, dont l'une des extrémités est forgée. Les outils qui ont été fabriqués avec ces aciers se sont montrés capables du meilleur service. Un graveur célèbre, M. Galle, membre de l'Académie royale des beaux-arts, s'est servi des aciers fondus de MM. Jackson pour fabriquer deux coins qu'il a gravés et trempés. Par le moyen de ces coins, on a frappé des médailles de cuivre et d'acier décarbonisé, sans que les coins aient été égrenés ni refoulés. Les médailles frappées ont de diamètre 3 centimètres 6 millimètres, ou 16 lignes; elles portent d'un côté l'effigie du Roi, avec ces mots : *Louis XVIII, Roi de France et de Navarre*, et au bas, le nom de M. *Galle*; de l'autre, ces mots : *Médailles frappées sur des coins d'acier fondu français de la manufacture de Jackson père et fils et compagnie, à Saint-Étienne, 1823.* En général, dans les divers ateliers, on fait grand cas de cet acier fondu. MM. Jackson, dont la fabrique date de l'année 1820, produisent par semaine 1500 kilogrammes d'acier fondu, et de plus une quantité considérable d'acier cémenté, qui est de très-bonne qualité.

M. Ruffié, à Foix, Ariége (n°. 54), fabrique des aciers naturels et cémentés dont l'excellente qualité est prouvée par celle des faulx et des limes qui en résultent dans le même établissement. L'acier naturel de M. Ruffié est obtenu par l'ancienne méthode catalane, qu'il s'occupe constamment d'améliorer. Ce fabricant obtint une médaille d'argent en 1819.

MM. Bernadac père et fils, à Sahorre et à Ria, Pyrénées-Orientales (n°. 925), ont modifié la méthode catalane, pour la fabrication de l'acier naturel, avec tant de succès, qu'ils obtiennent constamment des aciers de bonne qualité; au lieu que les aciers obtenus par les procédés ordinaires n'offrent souvent que des mélanges variables de fer et d'acier, qui sont connus sous le nom d'*étoffes*. Le même fabricant prépare des aciers cémentés de très-bonne qualité.

MM. Garrigou, Sans et compagnie, à Toulouse, Haute-Garonne (n°. 1486), fabriquent des aciers cémentés, qui sont recherchés pour la coutellerie fine, et dont ces fabricans emploient eux-mêmes une grande partie pour fabriquer des limes et des faulx de la meilleure qualité; ils se montrent de plus en plus dignes de la médaille d'or qui leur fut décernée en 1819. Leur établissement, par les soins de M. Massenet, qui en est le directeur, a reçu d'importantes améliorations.

MM. Monmouceau père et fils, et compagnie, à Orléans, Loiret (n°. 596), fabriquent des aciers cémentés, des limes et des râpes de la meilleure qualité; ils continuent de mériter la médaille d'or qui leur fut décernée, pour ces mêmes objets, en 1819.

M. Saint-Bris, à Amboise, Indre-et-Loire (n°. 514), fabrique, en partie avec des fers de Suède, des aciers cémentés et des limes dont la qualité ne laisse rien à désirer. C'est depuis l'année 1819 que M. Saint-Bris a joint la fabrication des aciers à celle des limes. Le nombre de ses ouvriers s'est accru de plus de cinquante; il convertit annuellement en acier fin 1500 quintaux métriques de fer. Sa manufacture de limes continue d'approvisionner les arsenaux de la Marine et de la Guerre. C'est de l'établissement d'Amboise que sont sortis la plupart des habiles ouvriers qui taillent aujourd'hui des limes dans les diverses parties de la France. Cette manufacture fabrique plus de limes que tous les autres établissemens français du même genre. M. Saint-Bris obtint, en 1819, une médaille d'or et la croix de la Légion-d'Honneur; il se montre de plus en plus digne de ces distinctions.

M. Dequenne, à Raveau, Nièvre (n°. 221), par les aciers de cémentation et les limes qu'il a exposés, prouve qu'il continue de mériter la médaille d'or qui lui fut décernée en 1819.

M. Rivals, aux forges de Gincla, Aude (n°. 1432), fabrique des aciers cémentés, ainsi que des limes, qui attestent les progrès de son industrie. Ce fabricant obtint une médaille de bronze en 1819.

M. Judde la Judie, à Champagnac, Haute-Vienne (n°. 1013), fabrique des aciers naturels corroyés, de très-bonne qualité, qui ont été particulièrement essayés dans la manufacture royale d'armes de Tulle, et reconnus propres à la fabrication des baïonnettes. Ce fabricant, qui fut mentionné honorablement en 1819, se recommande de nouveau par les progrès de son industrie.

MM. Rochet-Sirodot et compagnie, à la forge de Bèze, Côte-d'Or (n°. 6o5), fabriquent, à la manière du Tyrol et de la Carinthie, de l'acier naturel, qu'ils raffinent à divers états. Ces fabricans livrent annuellement au commerce environ 3oo quintaux métriques d'acier naturel brut, et 45o quintaux métriques d'acier raffiné; ils fabriquent en même temps de la tôle d'acier et des limes de bonne qualité. MM. Rochet-Sirodot se montrent toujours dignes d'une médaille d'argent qui fut décernée à l'usine de Bèze en 1819.

M. Berthier, aux forges de Bizy, Nièvre (n°. 224), fabrique de l'acier de bonne qualité, qui provient de la fonte de fer, que lui procure le haut-fourneau de cette même usine. Son établissement produit annuellement 35oo quintaux métriques d'excellente fonte grise, qu'on emploie aussi avec succès pour le moulage des pièces coulées en fonte; il occupe deux cents ouvriers.

M. Payssé, à Creutzwald, Moselle (n°. 1173), fabrique de l'acier naturel de divers échantillons, avec les fontes qui proviennent de ses hauts-fourneaux. Ses produits sont de bonne qualité.

M. Falatieu jeune, à la forge de Pont-du-Bois, Haute-Saône (n°. 863), fabrique aussi de l'acier, avec un succès digne d'éloges.

MM. Laserre et Lenormand, à Paris (n°. 346), traitent l'acier fondu et cémentent le fer pour en fabriquer des instrumens tranchans.

M. Bréant, vérificateur général des essais à la Monnoie de Paris (n°. 1620), savant déjà cité plus haut pour ses découvertes en métallurgie,

doit être rappelé comme ayant présenté plusieurs
échantillons d'acier fondu, et d'autres objets sur
lesquels nous aurons occasion de revenir, en considérant les armes blanches.

Les faulx doivent avoir acquis par la trempe
assez de dureté pour que leur tranchant résiste
bien aux substances qu'il doit couper, et néanmoins elles doivent conserver assez de ductilité
pour s'étendre et s'amincir, sans gerçure, sous le
marteau qui les bat afin de les affiler. Ces conditions ne peuvent se trouver réunies dans une
même faulx, si elle n'est pas composée d'une
étoffe, c'est-à-dire, d'un mélange de fer et d'acier,
qui soit convenable; il faut, de plus, que les faulx
présentent, pour les différens pays, les formes
très-variées que l'usage y a consacrées.

Pour essayer les faulx exposées, on les a d'a-
bord transformées en autant de scies, avec lesquelles on a coupé du fer. Celle des faulx qui a
formé le trait le plus profond dans le fer, a été
considérée comme la plus dure. Les autres ont
été classées progressivement de la même manière.
Ensuite on a battu chacune des faulx au marteau, afin de les affiler de nouveau et d'épiouver
leur ductilité.

En général, toutes les faulx françaises, qui ont
été comparées entre elles et avec les meilleures
faulx étrangères, ne le cèdent à ces dernières
ni en dureté ni en ductilité; elles ont toutes
une forme convenable; elles sont toutes d'un
poids bien proportionné à leurs dimensions.

Ruffié, à Foix, Ariège (n°. 54), a fabriqué
42920 faulx en l'année 1822 ; il espère fournir
bientôt jusqu'à 100000 pièces par année. Tous
ses ouvriers sont Français. La bonne qualité et le

prix modéré de ses produits, tout se réunit pour confirmer ce que nous avons déjà dit du mérite de ce fabricant, au sujet de l'acier.

MM. Garrigou, Sans et compagnie, à Toulouse, Haute-Garonne (n°. 1486), fabriquent annuellement 90000 faulx avec les aciers qu'ils préparent eux-mêmes. La quantité de leurs produits s'est accrue d'un tiers depuis l'année 1819, et la qualité s'en est encore améliorée. Des ouvriers qu'ils ont fait venir d'Allemagne à grands frais, ont déjà formé beaucoup de Français à ce travail important. Ce sont là autant de motifs qui viennent à l'appui de ce qui a déjà été dit, au sujet de l'acier, sur le mérite de ces fabricans et de M. Massenet, directeur de leur établissement.

M. Billot, à la Ferrière-sous-Jougue, Doubs (n°. 789), fabrique annuellement 7000 faulx avec de l'acier qu'il prépare lui-même. Ce fabricant exporte des faulx en Suisse.

M. Nicod, en la commune des Gras, Doubs (n°. 1747), fabrique annuellement 8000 faulx avec des aciers qu'il tire en partie de la Styrie ; il exporte des faulx en Suisse et en Savoie ; il fut mentionné honorablement en 1819.

M. Bouffon, à Sauxillanges, Puy-de-Dôme (n°. 44), fabrique des faulx d'un prix modique et de bonne qualité. C'est un ouvrier très-recommandable, pour lequel le jury de son département sollicite une récompense.

MM. Perrenet et Mouget, à Pontarlier, Doubs (n°. 782), ont récemment établi une usine, dans laquelle ils fabriquent des faulx, des limes, des rasoirs et des outils avec l'acier de cémentation, qu'ils préparent eux-mêmes par une série d'opérations métallurgiques dont le combustible est la tourbe.

Dans les limes, on désire une réunion telle de la dureté et de la ténacité, que les dents de ces outils puissent résister au fer et à l'acier non trempé, sans jamais s'égrener. Il faut, de plus, que la taille des limes soit parfaitement régulière ; que les dents soient exemptes de bavures, dites *rebarbes* ; que l'outil ne présente aucune paille ni gerçure ; qu'il n'ait pas le défaut de mordre en reculant, ni celui de s'empâter en limant le cuivre et le fer, ni celui de former des sillons ou voies, ni le défaut enfin de dévier de la direction que lui imprime la main de l'ouvrier.

Tels sont les rapports sous lesquels les limes exposées ont été soumises à des essais comparatifs. Pour observer la dureté et la ténacité, on a fait usage de cinq barreaux d'acier fondu, qui tous avaient été trempés durs, mais recuits à différens degrés, et qui par conséquent formaient une sorte d'échelle progressive de dureté. Sur ces barreaux, dits *touchots*, on a fait mordre comparativement chacune des limes à essayer, tant par le plat de l'outil, que par les angles, afin de juger de la dureté et de la ténacité des dents.

En général, les limes et râpes exposées se sont montrées d'excellente qualité.

M. Rémond, de Versailles, Seine-et-Oise (n°. 588), lequel est un des élèves les plus distingués de l'ancienne manufacture d'armes de cette ville, s'est placé au premier rang dans les essais. Toutes ses limes sont fabriquées avec des aciers français qui proviennent de l'usine de la Bérardière, située dans le département de la Loire. Elles sont préférées aux limes étrangères, même dans

Limes et râpes.

4

les ports de mer, où il est cependant facile de se procurer ces dernières. M. Rémond occupe un grand nombre d'orphelins, qu'il instruit gratuitement; il a formé beaucoup de bons ouvriers, qui ont répandu la fabrication des limes dans toute la France.

M. Dequenne, à Raveau, Nièvre (n°. 221), déjà mentionné au sujet de l'acier, soutient par d'excellens produits la réputation de sa manufacture de limes.

Il en est de même de MM. Monmouceau père et fils, et compagnie, Loiret (n°. 596), lesquels ont été mentionnés ci-dessus au sujet de l'acier.

MM. Coulaux et compagnie, à Molsheim, Bas-Rhin (n°. 773), ont introduit, depuis deux ans, dans leur belle manufacture la fabrication de limes et râpes de la meilleure qualité; ils livrent annuellement au commerce 10000 douzaines de limes, dites *bâtardes*, *douces* et *demi-douces*, 2000 douzaines de râpes, et 96000 paquets de limes en paille.

Ces industrieux fabricans, dont il sera fait mention, dans la suite de ce rapport, au sujet de la quincaillerie, se montrent de plus en plus dignes de la médaille d'or qui leur fut décernée en 1819.

Les limes exposées par MM. Garrigou, Sans et compagnie, de la Haute-Garonne (n°. 1486), par M. Saint-Bris, d'Indre-et-Loire (n°. 514), et par M. Ruffié, de l'Ariège (n°. 54), confirment ce que nous avons déjà dit de ces fabricans, au sujet de l'acier, et les rendent de plus en plus dignes des distinctions qu'ils ont obtenues en 1819.

M. Musseau, à Paris (n°. 1222), et MM. Abat, Sans et Morlière, de l'Ariège (n°. 52), méritent d'être distingués. M. Musseau a fabriqué en 1822, avec les aciers français de la Bérardière, Loire, 6760 douzaines de limes de bonne qualité. La fabrique de MM. Abat, Sans et Morlière, fut établie en 1819; déjà elle a fait de rapides progrès; elle fournit ses aciers au port de l'Orient, et ses limes au commerce, en abondance, et pour des prix modérés.

M. Fouques, à Pont-Saint-Ours, Nièvre (n°. 655), a fondé récemment une fabrique de limes, qui a été montée par le chef d'une maison anglaise de Sheffield. Ses excellens produits suffiraient pour faire distinguer M. Fouques, sur le mérite duquel nous reviendrons au sujet des tôles et fers-blancs.

M. Rivals, Aude (n°. 1432), a exposé des limes dont la bonne qualité a été prise en considération dans ce qui a déjà été dit au sujet de l'acier que prépare ce même fabricant.

Il en est de même des limes de MM. Rochet-Sirodot et compagnie, Côte-d'Or (n°. 603), dont il a déjà été fait mention plus haut.

MM. Jaunez et compagnie, au Paraclet, Aube (n°. 1165), ont récemment établi une fabrique de limes en paille et de façon anglaise; ils y ont joint la cémentation de l'acier; ils occupent déjà cinquante ouvriers, qui sont dirigés par un élève de M. Rémond, de Versailles. Leurs limes sont de bonne qualité; l'instruction de ces fabricans fait espérer le succès de leur entreprise.

M. Schmidt, à Ménil-Montant, près Paris (n°. 273), fabrique avec l'acier de la Bérardière, Loire, de bonnes limes diversement taillées. Son entreprise, quoique récente, obtient déjà des succès dignes d'éloges.

Plusieurs autres fabricans ont exposé des limes qui ont été reconnues de très-bonne qualité, quoique, dans les essais, les échantillons soumis à la comparaison n'aient pas obtenu les premiers rangs ; ils méritent d'être distingués : tels sont ,

MM. Aubert et Somborn, à Boulay, Moselle (n°. 718);

MM. Leger et Emon, à Chaville, Seine-et-Oise (n°. 1065);

M. Pupil, à Paris (n°. 890) ;

M. Renard, à Paris (n°. 238) ;

M. Dessoye, à Brevannes, Haute-Marne (n°. 564).

Scies.

Les scies, pour convenir à leurs diverses destinations, doivent réunir la qualité de la matière, l'exactitude des formes, la netteté de surface des lames, une disposition des dents qui soit appropriée au service; enfin, la faculté d'ouvrir promptement cette voie étroite, à parois lisses, qui est connue sous le nom de *trait de scie*, et de résister long-temps à cet usage.

MM. Coulaux et compagnie, de Molsheim, Bas-Rhin (n°. 773), ont présenté des scies laminées et trempées qui ne laissent rien à désirer.

Parmi ces produits variés, dont il a déjà été fait mention dans la première partie de ce rapport, on remarque de grandes scies, dites *passepartout*, qui sont destinées à couper les arbres en travers. Dans ces outils, dont les dents sont disposées sur une ligne courbe, les lames, quoique fabriquées au laminoir, sont renflées au milieu de leur épaisseur, c'est-à-dire au sommet de l'arc tranchant, afin d'ouvrir le passage, tandis que les extrémités et le dos sont plus minces, afin de faciliter la voie. Cette manufacture fournit annuellement à la consommation de la France et des pays étrangers 14000 douzaines de scies de toutes lougueurs, et 39760 douzaines, tant de scies laminées et trempées, que de ressorts d'horlogerie. Nous reviendrons ailleurs sur les nouveaux progrès que présente l'industrie de MM. Coulaux, au sujet des outils divers que leurs beaux établissemens fournissent en abondance.

MM. Peugeot frères, et Salin, à Hérimoncourt, Doubs (n°. 764), occupent environ quatre-vingts ouvriers à fabriquer des lames de scies et d'autres objets laminés, de fer et d'acier; ils préparent aussi des ressorts pour l'horlogerie. Les produits de cette usine ont reçu de grandes améliorations depuis 1819, époque à laquelle MM. Peugeot, obtinrent une médaille de bronze pour avoir exposé d'excellens aciers.

MM. Aubert et Somborn, à Boulay, Moselle (n°. 718), déjà mentionnés au sujet des limes, fabriquent de bonnes scies et d'autres outils, dans une usine qu'ils ont récemment établie en ce lieu.

M. Mongin, à Paris (n°. 1250), a déjà été cité dans ce rapport, pour des scies de forme circulaire, et pour des scies à mécanique. Au moyen de ces dernières, on obtient, dans l'épaisseur d'un pouce de bois, vingt-cinq feuilles de placage.

La tôle et le fer - blanc doivent être ductiles en même temps que fermes, élastiques et propres à prendre, sous le marteau, toutes les formes qu'on se propose de leur donner. A ces qualités le fer-blanc doit joindre l'éclat métallique de l'étain pur, et une surface parfaitement unie.

Pour essayer la ductilité et la fermeté de la tôle et du fer-blanc, on a d'abord plié les feuilles sur leurs angles avec une pince, et on les a redressées sous le marteau. Ensuite, on a fabriqué avec ces feuilles, sous le marteau, divers objets, dits *pièces de retreinte* ou *pièces embouties*, tels que des pavillons de trompette et des calottes hémisphériques.

L'établissement d'Imphy, déjà mentionné (n°. 227), a exposé une feuille de tôle de fer laminée, dont

La longueur est de . . . . 2,4000 (mètres)
La largeur, de 1,6500
L'épaisseur, de 0,0067
Et le poids, de . . 202 kilogr. $\frac{1}{2}$.

La belle exécution de ce produit suffit pour prouver l'excellente qualité de la matière et l'habileté des fabricans. On en voit une autre preuve dans deux fonds de chaudière, de fer, qui ont été fabriqués au martinet dans la même usine :

Le premier a de diamètre . . . . . 1,31 (mètre)
De relevé, ou profondeur.. . . . . 0,11 ;
Il pèse. . . . 86 kilog. $\frac{1}{10}$.

Le second a de diamètre . . . . . 1,45 (mètre)
De relevé, ou profondeur.. . . . . 0,12 ;
Il pèse. . . . . . 87 kilog. $\frac{1}{2}$.

Le rapport qu'il est facile de saisir entre les dimensions et les poids de ces deux pièces atteste une sûreté d'exécution, qui paraît digne de remarque, et qui confirme ce que nous avons déjà dit de l'établissement d'Imphy, au sujet du cuivre. On reconnaît, dans les produits de cette usine, l'habileté de M. Guérin jeune, qui en est le directeur et l'un des propriétaires.

M. Fouques, à Pont-Saint-Ours, Nièvre (n°.655), déjà cité au sujet des limes, fabrique, au laminoir, de la tôle dont l'excellente qualité est prouvée par les fers-blancs de la même manufacture. La tôle de Pont-Saint-Ours est tellement ductile, qu'elle se laisse courber sur un même point en deux sens différens, et qu'elle se prête à recevoir les formes les plus compliquées, dans la fabrication des châssis de fenêtre, qui font partie de l'exposition (n°. 769).

MM. Rochet-Sirodot et compagnie, Côte-d'Or (n°. 603), ont exposé des tôles d'acier, dont la qualité justifie et confirme ce que nous avons déjà dit du mérite de ces fabricans, au sujet de l'acier.

Parmi les feuilles de fer-blanc qui ont été soumises à des essais comparatifs, les échantillons provenant des usines de M. de Wendel, Moselle (n°. 558), ont obtenu le premier rang. Nous avons déjà rendu justice au mérite de ce fabricant, en considérant le fer.

Mme. veuve de Buyer, à la Chaudeau, Haute-Saône (n°. 864), fabrique du fer-blanc très-ductile et bien étamé, qui prouve les progrès de son industrie, déjà mentionnée honorablement en 1819.

M. Falatieu, à Bains, Vosges (n°. 76), lequel obtint une médaille de bronze en 1819, mérite une nouvelle distinction en 1823, tant par la bonne qualité de ses fers-blancs, que par les progrès de son industrie, déjà citée au sujet du plomb laminé.

Il convient aussi de faire mention de la bonne qualité des fers-blancs qu'ont exposés :

MM. Débladis, Auriacombe, Guérin jeune et Brouzac, propriétaires de l'usine d'Imphy, Nièvre (n°. 227);

M. Fouques, de Pont-Saint-Ours, Nièvre (n°. 655); et MM. Mertian frères, de Montataire, Oise (n° 1698). Nous avons déjà rendu justice au mérite de ces divers fabricans, en considérant le cuivre, le fer, les limes et la tôle.

Tréfileries. Dans les fils métalliques, on désire principalement une extrême ductilité, sans laquelle le métal, étiré à la filière, n'aurait pu parvenir à la forme déliée qu'il a été réduit à prendre. Il faut que ce fil soit capable de se laisser ployer, et pour ainsi dire, tourmenter, sans se rompre.

Dans les fils, dits *traits*, on exige, de plus, une extrême ténuité, un vif éclat, une parfaite égalité; en un mot, une réunion de qualités qui les rendent capables de soutenir la comparaison avec les produits des fabriques renommées de l'Allemagne.

Plusieurs des échantillons exposés par les fabriques françaises ont réuni ces qualités dans un degré satisfaisant.

M. Mouchel, de Laigle, Orne (n°. 574), a exposé des fils de cuivre, de fer et de zinc; produits par lesquels ce fabricant se montre de plus en plus digne d'une médaille d'or qui lui fut décernée en 1819.

MM. Pespet et compagnie, à Valbenoite, Loire (n°. 737), fabriquent avec l'acier qu'ils préparent eux-mêmes d'excellens fils de toute sorte.

MM. Mouret de Barterans et compagnie, aux forges de Chenecey, Doubs (n°. 1722), fabriquent, outre une grande quantité de bons fers, des fils de fer, d'acier et de laiton. Leur fabrication de fil de fer s'élève seule à 2500 quintaux métriques; ils emploient cent ouvriers; ils ont perfectionné leurs machines, leurs bouches à feu et leurs procédés. Ces industrieux fabricans sont particulièrement recommandés à l'attention du jury central par le jury de leur département.

MM. Villette frères, à Lyon, Rhône (n°. 444), fabriquent des fils, ou *traits*, en argent faux et en dorure fine, de différentes grosseurs. Leurs produits ont parfaitement résisté aux essais. Ces fabricans emploient du cuivre français qui provient des mines de Chessy, situées dans le département du Rhône; ils occupent trente ouvriers. Leur fabrique est recommandée par le jury de leur département.

M. Gardon, à Lyon, Rhône (n°. 834), est parvenu à donner au trait d'argent mi-fin la finesse du trait de la dorure fine, qui est connue dans le commerce sous la dénomination de 12 P; il emploie du cuivre français; il convertit annuellement 3oo quintaux métriques de cuivre en fil de divers échantillons; il est cité par le jury de son département pour la perfection de ses procédés. Ce fabricant se montre de plus en plus digne de la médaille d'argent qui lui fut décernée en 1819.

Il convient ici de faire mention des fils métalliques et traits qu'ont exposés (n°. 194) MM. Witz Stefan, Oswald frères, et compagnie, du Haut-Rhin, dont les produits en cuivre ont déjà été cités comme méritant une distinction.

M. Primois, de Laigle, Orne (n°. 1741), en perfectionnant la fabrication des fils de fer et d'acier pour cardes et pour aiguilles, a diminué le prix de ces objets; il fabrique du fil d'acier fondu, qu'il étire à une longueur de plus de mille mètres sans lui faire subir aucun recuit. Les produits de cet industrieux fabricant sont recherchés pour l'importante fabrication des cardes.

M. Falatieu, à Bains, Vosges (n°. 76), fabrique

d'excellens fils de fer qui soutiennent la réputation de ses grands établissemens.

M. Mignard Billinge, à Belleville, Seine (n°. 1196), étire à la filière du fer et du cuivre pour l'horlogerie et en général pour la mécanique. Ses produits, parmi lesquels on distingue des fils d'acier, se recommandent autant par leur bonne qualité que par une belle exécution.

M. Rousset, à Paris (n°. 659), a exposé des cordes à instrumens, en fils métalliques; produits de bonne qualité, pour lesquels ce fabricant mérite d'être cité avec éloges.

Aiguilles.   Les aiguilles à coudre doivent, en général, être fermes et convenablement élastiques; capables d'opérer promptement une piqûre vive; parfaitement polies et coulantes; pourvues d'un *œil* nettement percé, et d'une *tête* propre à recevoir le fil sans jamais le laisser échapper. Il faut de plus que les aiguilles offrent des proportions et des formes bien assorties à leurs différentes destinations.

MM. Sevin de Beauregard et Van Houtem, de Laigle, Orne (n°. 466), ont exposé des aiguilles à coudre et à tricoter, qui sont de bonne qualité et d'un prix modique. Nous avons déjà fait mention de ces fabricans dans la première partie du présent rapport. Leur industrie mérite d'être distinguée.

Cardes.   Dans les plaques et rubans de cardes, il faut que le fil métallique qu'on emploie pour cette fabrication soit de bonne qualité; qu'il soit assemblé solidement et avec art, sous l'angle convenable; que la disposition en soit régulière, et que le nombre des dents, réparties sur une certaine étendue, soit bien proportionné aux divers besoins des manufactures de tissus.

M. Hache-Bourgois, à Louviers, Eure (n°.1171), fabrique de belles cardes par des procédés mécaniques. Son établissement, qui fut encouragé par le Roi Louis XVI, occupe plus de mille ouvriers, au nombre desquels on compte les enfans et les femmes des hospices de plusieurs villes. Dans un ruban de carde, dit n°. 28, M. Hache-Bourgois place sur chaque pouce carré 360 dents de fil de fer. Ce fabricant a aussi exposé des cardes en fil de laiton, qui, dans la fabrication des couvertures de laine, sont employées seulement pour le cylindre volant. Du choix de cette matière, il résulte que lorsqu'on passe la couverture au soufre, s'il arrive qu'une dent de la carde se casse, le métal ne s'altère pas de manière-à tacher la couverture. M. Hache-Bourgois fournit des cardes à tous les fabricans de draps, dont les tissus ont été honorablement distingués dans les diverses expositions de l'industrie française. Il envoie à l'étranger une grande quantité de cardes, qui sont généralement estimées. Ce fabricant obtint une médaille d'argent en 1806; depuis cette époque, son industrie a fait d'importans progrès.

MM. Scrive frères, à Lille, Nord (n°. 696), fabriquent des cardes superfines qui sont très-bien exécutées,

M. Matignon, à Paris (n°. 1246), mérite aussi d'être distingué pour ses produits du même genre.

Il en est de même de MM. le baron de Gency et Metcalfe, à Meulan, Seine-et-Oise (n°. 590), lesquels, en 1819, furent mentionnés honorablement pour des cardes bien fabriquées.

M. Lambert, à Paris (n°. 635), se recom-

mande à l'attention du jury central par les cardes
à laine et à coton qu'il a exposées.

M. Gohin (n°. 1288), et M. Harmey, de
Paris (n°. 290), ont également exposé des cardes
dont la fabrication est satifaisante.

Peignes et rots. Les peignes destinés au tissage des étoffes sont
connus sous le nom de *rots*, vraisemblablement
parce qu'autrefois on employait pour cet objet
des roseaux (*rotins*) que l'on tirait d'Espagne.
Les dents de ces peignes doivent être souples et
lisses, afin que les fils de la chaine du tissu passent
librement entre elles sans jamais s'écorcher ni se
casser. Sur une certaine étendue, il doit se trouver un nombre de dents qui soit proportionné au
degré de finesse du tissu que l'on se propose
d'obtenir par ce moyen. Il faut encore que les
dents, régulièrement rangées et maintenues per-
pendiculairement à la longueur du peigne, soient
assemblées avec art, soit par une ligature, soit
par une soudure, à leurs deux extrémités qui ter-
minent la largeur de cet instrument.

MM. Bonnand, Laverrière et Boudot, à Lyon,
Rhône, et à Paris (n°. 1718), excellent dans ce
genre de fabrication. Ils ont exposé un peigne
sans ligature, pour le tissage de la soie; instrument remarquable qui ne le cède en rien à ce
que les fabriques anglaises ont produit de plus par-
fait en ce genre. Ce peigne, dont la longueur
est de 19 pouces 3 lignes, offre cent cinq dents
par pouce courant, et par conséquent deux mille
vingt et une dents sur toute sa longueur, qui cor-
respond à sept seizièmes d'aune, c'est-à-dire, à la
largeur de diverses étoffes précieuses. La fabrique de MM. Bonnand, Laverrière et Boudot fournit, par année, environ sept mille peignes de diffé-

rentes largeurs, en acier, en fer et en laiton, pour toute espèce de tissus, et à des prix modérés.

MM. Jappy frères, à Beaucourt, Haut-Rhin (n°. 710), fabriquent des peignes de tisserand, à dents de cuivre et d'acier, et des peignes pour étoffes de soie et de coton, ainsi que pour les métiers à rubans. Tous ces objets, très-bien exécutés, prouvent que ces habiles fabricans, dont les produits variés seront mentionnés ailleurs, sont de plus en plus dignes d'une médaille d'or qui leur fut décernée en 1819.

M. Mainot, à Rouen, Seine-Inférieure (n°. 1443); M. Auguste Gille, à Paris (n°. 504); et M. Vuilquint, à Paris (n°. 1714), ont exposé : les deux premiers, des peignes d'acier dits *rots;* le second, des rots et lames pour le tissage; et le troisième, des peignes pour cachemires; objets dont la bonne exécution mérite d'être remarquée.

Les alènes, tantôt droites, tantôt courbes, doivent être capables de piquer vivement les différens corps durs sur lesquels on emploie ce précieux outil. Il faut qu'elles présentent une certaine roideur, sans être cassantes, que leur surface soit parfaitement unie, et que leur forme, en un mot, convienne à leur objet.

Les alènes exposées satisfont à ces conditions. Nous avons déjà rappelé, dans la première partie de ce rapport, les progrès que cette fabrication importante a faits en France.

MM. Boilvin frères, à Badonvilliers, Meurthe (n°. 62), se montrent de plus en plus dignes d'une médaille d'argent qui leur fut décernée, pour cet objet, en 1819.

MM. Thirion et Jacquel, à Saint-Sauveur, dans le même département (n°. 63), ont établi une manufacture du même genre, dont les produits sont aussi de bonne qualité, mais jusqu'à présent en quantité moindre.

Toiles métalliques.

Dans les toiles métalliques, dont nous avons déjà rappelé les principales destinations, on désire une contexture égale, qui soit bien proportionnée aux divers objets pour lesquels on les emploie.

Non-seulement les toiles exposées satisfont en général à ces conditions, mais encore on remarque un véritable luxe dans certains produits de ce genre ; comme, par exemple, dans un gilet de tissu métallique et dans certaines toiles de métal, qui semblent rivaliser de finesse avec la batiste.

M. Roswag fils, à Schelestadt, Bas-Rhin (n°. 1427), obtint en 1806 une médaille d'argent, qui fut honorablement rappelée en 1819. On remarque en 1823 le fini précieux de ses tissus métalliques. Parmi les échantillons exposés, il en est un dans lequel chaque pouce carré contient cent vingt-huit fils de métal sur la longueur, autant sur la largeur, et par conséquent seize mille trois cent quatre-vingt-quatre mailles.

M. Gaillard, à Paris (n°. 1490), a exposé quarante-deux échantillons de toiles métalliques ; ils prouvent que ce fabricant est toujours digne d'une médaille d'argent qui lui fut décernée en 1819.

M. Henri Stammler, de Strasbourg, Bas-Rhin (n°. 776), présente aux regards du publie un gilet de métal, que les curieux admirent, et plusieurs tissus délicats qui attestent la perfection de ses produits. Ce fabricant a donné une grande extension à sa manufacture depuis l'exposition de 1819, par suite de laquelle une médaille de bronze lui fut décernée.

M. Saint-Paul, à Paris (n°. 1477), est dans le même cas ; il a fait preuve de la même industrie en 1823 ; il mérite la même distinction.

M. George Stammler, de Strasbourg, Bas-Rhin (n°. 984), mérite d'être distingué pour la belle exécution de divers objets en tissu métallique.

MM. Denimal et Miniscloux, à Valenciennes, Nord (n°. 686), fabriquent des tissus métalliques dont la bonne exécution est digne d'éloges.

Les produits des fabriques de clouterie sont aussi variés que les besoins des arts qui les emploient. C'est d'après leurs diverses destinations, que les clous doivent être fabriqués, tantôt avec un fer doux et nerveux, tantôt avec un métal roide, et se recommander par telle ou telle forme, par telle ou telle dimension, par telle ou telle façon de la tête et de la pointe.

Comme il faut que les clous puissent être répandus dans les ateliers avec une certaine profusion, la modicité du prix est un titre de recommandation pour les produits de ce genre ; c'est par conséquent un mérite, que de fabriquer de bons clous par le moyen de machines qui économisent la main-d'œuvre, si d'ailleurs les clous obtenus sont aussi bons et à meilleur marché, que les clous fabriqués par les procédés ordinaires.

M. Fontaine, à Authie, Somme (n°. 504), est dans ce dernier cas; il expose une série très-étendue de clous fabriqués par les procédés ordinaires.

La modicité des prix de ce fabricant fut déjà remarquée, en 1819, dans notre rapport au jury central. Depuis cette époque, M. Fontaine à augmenté l'activité de sa manufacture, en perfectionnant ses produits. Il fabrique annuellement 300 quintaux métriques de clous ; il occupe soixante ouvriers. Ce fabricant, auquel une médaille de bronze fut décernée en 1819, mérite une nouvelle distinction en 1823.

MM. Boilvin frères, à Badonvilliers, Meurthe (n°. 62), qui ont déjà été rappelés comme fabricant avec succès des alènes et des poinçons, pour lesquels une médaille d'argent leur fut décernée en 1819, ont exposé des clous à monter, dont la bonne fabrication confirme ce que nous avons déjà dit au sujet de leur manufacture.

MM. Laroche, Mounier et compagnie, à Paris (n°. 1220), ont exposé des clous dits *pointes*, de toutes sortes, dans la fabrication desquels ils emploient une machine pour façonner la pointe. Les efforts de ces fabricans sont dignes d'éloges.

Acier poli et bijouterie d'acier. Le nom d'acier poli indique les qualités que doit avoir ce produit. Une surface brillante en fait le mérite; c'est une marchandise destinée au grand monde: ici, le principal objet du fabricant est d'augmenter le prix de la matière par la main-d'œuvre. Il atteint ce but avec avantage et pour lui-même et pour le consommateur, lorsque, par des moyens mécaniques, tels que le découpoir et l'emporte-pièce, il produit de beaux ouvrages pour un prix modéré.

On estime, dans la bijouterie d'acier, un certain éclat net et limpide, au sein duquel toute lumière environnante semble se noyer. Ce que l'on y recherche le plus, c'est un assemblage brillant et solide des pièces, ou grains d'acier, dont se composent les bijoux, un jeu vif de lumière, un goût qui soit sanctionné par la mode.

M. Frichot, à Paris (n°. 1046), a exposé dans un tableau qui attire les regards du public, un bouquet de fleurs artificielles, une écharpe imitant le tulle, et d'autres ouvrages en acier poli, que ce fabricant exécute à l'emporte-pièce. A côté de ce tableau, on remarque des parures en acier poli, qui sont généralement admirées comme des bijoux d'une rare beauté ; cependant les procédés du fabricant lui permettent de les livrer pour des prix qui ne paraissent pas excessifs. M. Frichot estime que tout ce qui est renfermé dans son grand tableau sus-mentionné lui revient à 4000 francs. Il vend une parure très-brillante, pour le prix de 3oo à 45o francs; une jolie agrafe pour ceinture de femme coûte 10 fr. Ces produits prouvent que l'industrie du fabricant s'est encore perfectionnée depuis l'exposition de 1819, époque à laquelle une médaille d'argent lui fut décernée pour divers beaux ouvrages en acier poli.

M. Provent, à Paris (n°. 1587), par les beaux produits qu'il a exposés, et qui consistent en gardes d'épée, médaillons, clefs et parures, prouve que son industrie, mentionnée honorablement en 1819, a fait de grands progrès depuis cette époque.

A côté de ces deux fabricans, qui jouissent de la plus grande réputation dans la bijouterie d'acier, et entre lesquels nous ne pouvons établir quelque différence que d'après les objets qu'ils ont exposés, il convient, suivant les mêmes données, de citer avec éloges les personnes dont voici les noms :

M. Poly, à Paris (n°. 1167), pour objets en acier poli, parmi lesquels on remarque de beaux peignes et des parures ;

M. Henri Stammler, de Strasbourg, Bas-Rhin (n°. 776), dont la bijouterie d'acier confirme ce que nous avons déjà dit de ce fabricant, au sujet des toiles métalliques;

M. Jeandet, à Paris (n°. 1407), pour divers bijoux, notamment pour de jolis bracelets, et pour un beau porte-feuille en acier poli;

M. Fouquier, à Roubaix, Nord (n°. 693), pour de beaux peignes d'acier poli;

M. Hisette, à Metz, Moselle (n°. 559), lequel a exposé une pendule et des vases en acier poli, orné de bronze doré;

M. Duméril, à Saint-Julien-Dufault, Yonne (n°. 339), parmi les produits duquel on remarque un bel éventail en acier poli.

Serrurerie. Dans la serrurerie, on exige non-seulement une combinaison ingénieuse des moyens de sûreté, mais encore une exécution précise des détails, et un certain fini, que l'on nomme un habile *coup de lime*. Il faut que le fer employé se prête à toutes les formes et qu'il dissimule, pour ainsi dire, la rigidité du métal, dont il doit cependant conserver toute la force.

M. Huret, à Paris (n°. 808), a exposé des serrures en bronze et autres, ainsi que des portefeuilles avec garnitures ciselées et dorées. Les combinaisons ingénieuses et la bonne exécution des produits de ce fabricant prouvent qu'il est de plus en plus digne d'une médaille d'argent qui lui fut décernée en 1819.

M. Georget, à Paris (n°. 1745), par divers objets de haute serrurerie, continue de mériter cette même distinction qu'il obtint à la même époque.

MM. Maquennehen (Armand et Manassès), à Escarbotin, Somme (n°. 492), fabriquent, en deux établissemens distincts, des serrures de sûreté, des serrures à secret, et divers autres objets de serrurerie, parmi lesquels on remarque des cylindres cannelés pour le service des filatures. Les produits de cette industrie ont acquis depuis long-temps une grande faveur dans le commerce, tant par leur bonne exécution, que par leur prix modéré. Déjà d'autres fabricans de serrurerie, dans le département de la Somme, ont obtenu en 1819 des médailles d'argent pour des objets auxquels ne le cèdent en rien les produits exposés en 1823 par MM. Maquennehen.

M. Toussaint, à Paris (n°. 645), a exposé de belles pièces de serrurerie, parmi lesquelles on remarque un coffre-fort en fer, dont la serrure est armée de trente pênes; des clefs jumelles, diverses serrures d'une combinaison ingénieuse et d'une belle exécution, ainsi qu'un hippomètre, instrument de précision propre à mesurer les chevaux de course. Cet instrument a été acheté par la ville de Paris, pour le prix de 500 francs.

M. Oublette, Aube (n°. 1591), est l'auteur d'une serrure à quatre clefs, et de divers mécanismes en fer, dont il a déjà été fait mention dans la première partie de ce rapport. L'invention et l'exécution de ces ouvrages de haute serrurerie prouvent l'habileté de cet industrieux fabricant.

M. Leyris, à Paris (n°. 769), a exposé des châssis de fenêtre en tôle, objets déjà mentionnés avec éloges dans le cours de ce rapport. De semblables châssis paraissent être préférables aux châssis de bois, pour les étuves, les salles de bains, et en général pour les lieux humides. Ils conviennent pour remplacer les vitraux en plomb dans les églises. Déjà, on les a employés avec succès dans plusieurs édifices publics et chez divers particuliers. Ces châssis joignent à la solidité l'avantage d'être plus légers que le bois, et de laisser plus de passage à la lumière. Leur prix modéré se joint à ces motifs pour les faire préférer, dans un grand nombre de cas, aux châssis de fenêtre en bois.

M. Didiée, à Paris (n°. 218), a exposé un compas de nouvelle invention, et le modèle d'un atelier de serrurerie. Son compas est propre au tracé des volutes. La belle exécution de ces ouvrages le recommande comme un homme très-expérimenté dans l'art de la serrurerie.

MM. Jappy frères, Haut-Rhin (n°. 710), fabriquent dans leur belle manufacture, située à Beaucourt, des serrures à pênes circulaires, dont ils sont les inventeurs. Dans ces ouvrages, qui sont très-bien exécutés et d'un prix modéré, la serrure occupe peu d'espace ; elle s'ouvre et se ferme sans le secours d'aucun ressort, par l'action directe qu'exerce la clef sur un pignon qui engrène dans le pêne circulaire. C'est, pour ainsi dire, la serrure réduite à ses plus simples élémens. Nous aurons occasion de revenir sur les ouvrages de MM. Jappy, au sujet de la quincaillerie.

M. Borel, à Gap, Hautes-Alpes (n°. 20), a exposé un cache-entrée de serrure, dont il est l'inventeur, et une espagnolette de fenêtre ; objets bien exécutés, dont le jury de son département demande le dépôt au Conservatoire des arts et métiers.

M. Alloni, à Paris (n°. 1671), par divers modèles en serrurerie, se montre également digne d'éloges.

M. Pottié, à Paris (n°. 254), mérite d'être cité comme ayant exposé un mausolée en fer poli, objet dont nous avons déjà parlé ci-dessus, et dont la belle exécution atteste une main exercée aux travaux les plus délicats de la serrurerie.

Les produits de l'art du coutelier se divisent en Coutellerie. coutellerie fine et en coutellerie commune. Dans l'une et dans l'autre, on désire de bonnes lames, dont le tranchant, plus ou moins vif selon sa destination, soit égal, durable et facile à renouveler sur le cuir, sur la pierre ou sur le bois. Dans la coutellerie fine, on recherche de plus un beau poli, une forme élégante, une riche monture. Dans la coutellerie commune, on renonce au luxe, mais non pas à la qualité des lames, à la commodité des agencemens, et sur-tout à la modicité du prix. A cet égard, les consommateurs sont devenus difficiles. Il est bien loin de nous, le temps où de petits couteaux grossièrement fabriqués, suffisaient à la conquête des riches contrées d'un nouveau monde. Tout porte même à croire que bientôt on sentira la nécessité de perfectionner les produits dans certaines manufactures, d'où, suivant l'ancien usage, il sort encore des couteaux et des rasoirs de pacotille; objets informes, qui ne se vendent, à la vérité, que 18 francs les douze douzaines, mais que les peuples les moins civilisés commencent à trouver trop chers pour le service qu'on en peut obtenir.

Les progrès que l'art du coutelier a faits en France depuis l'exposition de 1819, tant par l'emploi des aciers français, qui fournissent d'excellentes lames, que par l'application de moyens mécaniques qui économisent la main-d'œuvre, les recherches multipliées qui se font de tous côtés sur l'art difficile de choisir l'acier, de le forger, de lui donner la trempe et le recuit, tout s'est réuni pour engager un grand nombre de couteliers à exposer leurs produits. Ils sont en général recommandables, et par un prix modique et par une bonne fabrication.

Dans la coutellerie fine, on distingue particulièrement M. Sirhenry, à Paris (n°. 1575). Ce fabricant a exposé des instrumens de chirurgie, des trousses de dentiste , des lames damassées et d'autres articles de coutellerie, qui prouvent que son industrie, depuis long-temps renommée, a fait de nouveaux progrès. M. Sirhenry fut mentionné honoral ement pour l'excellence de ses produits en 1819, époque à laquelle aucune autre distinction ne fut accordée à la coutellerie.

M. Pradier, à Paris (n°. 1567), a exposé de beaux ouvrages de coutellerie tant fine que commune. Ils proviennent des ateliers qu'il a établis, depuis 1819, non-seulement à Paris, mais encore à Chaville près Versailles et à Poissy. Ce fabricant applique avec succès à la coutellerie le principe de la division du travail ; il emploie dans ses ateliers un grand nombre de détenus. Sa fabrique de Chaville fournit, chaque jour, 700 lames de rasoirs, 100 lames de couteaux et divers autres objets. Dans sa fabrique de Poissy, outre un grand nombre d'objets en nacre et de pièces de *nécessaires*, on prépare journellement une quantité considérable de manches pour couteaux et rasoirs, ainsi que de bois pour les cuirs à rasoirs. Dans ses ateliers de Paris, on assemble les pièces et l'on achève les produits pour les livrer au commerce. Les divers ouvrages de M. Pradier sont mis à la portée des diverses fortunes, par la variété de leurs ornemens et de leurs prix ; en même temps ils satisfont à tous les besoins par leur bonne qualité. A côté d'un magnifique nécessaire de 8 à 10000 francs et d'un canif à plusieurs lames, qui est estimé 1200 fr., on voit figurer, parmi les produits de ce fabricant, de bons rasoirs, à 9 francs la douzaine; de bons couteaux de table, à 10 francs la douzaine; et d'autres objets du même genre, qui se recommandent aux consommateurs et par la bonne qualité de la matière et par l'élégance des formes.

M. Gavet, à Paris (n°. 1701), fabrique, depuis long-temps, de bonne coutellerie tant fine que commune. Il fut mentionné honorablement dans les expositions de 1806 et de 1819. Depuis cette dernière époque, à laquelle on citait déjà M. Gavet comme ayant perfectionné la trempe et le recuit des lames par l'emploi d'un pyromètre métallique, et comme étant parvenu à fabriquer d'excellens rasoirs d'acier français, au prix de 12 francs la douzaine, cet industrieux fabricant a établi auprès de Chaumont, dans le département de la Haute-Marne, une grande manufacture de coutellerie, où il a divisé le travail avec habileté; en même temps, par une profonde connaissance de son art, il a perfectionné ses produits. Du nouvel établissement de M. Gavet, dans lequel trente-quatre ouvriers sont employés, il sort annuellement 11000 rasoirs; 26000 couteaux à lame d'acier, et 3 à 4000 couteaux à lames d'argent ou de vermeil. Par un procédé mécanique, M. Gavet fabrique des manches de corne, décorés de moulures en relief, avec une économie remarquable : une douzaine de ces manches ne revient pas à plus de 2 francs. Bonne qualité des lames, solidité des montures, élégance des formes, modicité du prix, tout paraît se réunir en faveur des produits de M. Gavet. La rapidité du débit prouve que les consommateurs ont ainsi jugé sa nouvelle manufacture.

Madame veuve Degrand, née Gurgey, à Marseille, Bouches-du-Rhône (n°. 875), est la première qui ait employé l'alliage du platine et de l'acier dans la fabrication des armes blanches; elle expose des armes blanches en damas, des rasoirs trempés à la manière des damas, des couteaux à revers, destinés aux tanneurs, et d'autres objets de coutellerie très-bien exécutés. Les damas de sa fabrique sont recherchés dans l'Orient, ainsi que nous l'avons déjà indiqué dans la première partie de ce rapport. Ses couteaux à revers sont aujourd'hui préférés à ceux d'une fabrique anglaise, connue sous le nom de *Coxe*, qui était en possession de fournir ces objets aux tanneurs français. Le jury du département des Bouches-du-Rhône atteste que madame Degrand, qui fut mentionnée honorablement en 1819, a perfectionné son industrie depuis cette époque.

M. Dumas, à Thiers, Puy-de-Dôme (n°. 52), fabrique, avec de l'acier fondu de France, des rasoirs de bonne qualité, dont le prix varie, d'après les montures, entre 9 francs et 48 francs la douzaine. M. Dumas est cité par le jury de son département comme l'un des couteliers les plus dignes d'être distingués parmi les nombreux fabricans qui se livrent à ce genre d'industrie dans le département du Puy-de-Dôme.

On sait que les fabriques de coutellerie de Thiers sont fort anciennes. Dès l'an 1500, elles étaient florissantes; en 1780, elles occupaient dix mille ouvriers. Ces fabriques furent en décadence pendant la révolution; mais elles se relevèrent en 1814. La qualité des produits s'y

améliore de jour en jour. En ce moment, la coutellerie occupe 5ooo ouvriers dans les environs
de Thiers.

A l'exposition de 1819, le jury central s'était
borné à mentionner honorablement, mais collectivement, la fabrique de Thiers, comme soutenant toujours sa réputation. Aujourd'hui, des
distinctions nominatives sont méritées par plusieurs couteliers de Thiers, et notamment par
M. Dumas.

M. Bost-Membrun, à Saint-Remy près Thiers,
Puy-de-Dôme (n°. 28), fabrique, avec l'acier fondu
de France, de bons couteaux de table, dont le
prix varie, d'après les montures, de 5 francs 5o
centimes à 36 francs la douzaine, des couteaux
de cuisine et de dessert, des fourchettes, des
grattoirs, et d'autres objets d'un prix modique
et d'une bonne exécution. Ce fabricant obtint
nominativement une mention honorable en 1819.
Du reste, il est dans le même cas que M. Dumas,
de Thiers; il est également recommandé par le
jury de son département.

Nous aurons encore occasion d'appeler l'attention du jury central sur les nombreux couteliers
du département de Puy-de-Dôme.

M. Grangeret, à Paris (n°. 1687), a exposé de
la coutellerie fine, et notamment des instrumens
de chirurgie, qui sont d'une belle exécution. Ce
fabricant fut mentionné honorablement, en 1819,
pour son excellente coutellerie à l'usage de la
chirurgie; il soutient et accroît sa réputation.

M. Sénéchal, à Paris (n°. 5io), a exposé de
beaux ouvrages de coutellerie tant fine que commune, parmi lesquels on remarque d'excellens
ciseaux de tailleur et autres. Ce fabricant fut

mentionné honorablement en 1819. Depuis cette époque, son industrie a fait de nouveaux progrès.

M. Gillet, à Paris (n°. 278), fabrique, avec de l'acier fondu de France, des rasoirs de bonne qualité et d'un beau poli. Ce digne élève de feu M. Petit-Walle, coutelier renommé, confectionne par jour dix douzaines de bons rasoirs. Lorsque les manches sont en os, ces rasoirs ne coûtent que 10 francs la douzaine. M. Gillet, dans sa fabrique, située au faubourg Saint-Antoine près des Quinze-Vingts, emploie, comme élèves, un très-grand nombre d'orphelins. C'est à cet habile fabricant que le gouvernement s'adresse de préférence pour l'essai des aciers fondus. M. Gillet fut cité en 1806 et mentionné honorablement en 1819. Depuis la dernière exposition, il a perfectionné sa fabrication et augmenté son débit, tant en France qu'à l'étranger.

Madame veuve Charles, à Paris (n°. 866), fabrique des rasoirs d'acier fondu à dos métallique, à lames de rechange et à lames façon de damas, d'après divers brevets d'invention et de perfectionnement qu'elle a pris pour cet objet. Ses produits sont de bonne qualité et recherchés par les consommateurs; elle est redevable de ses succès aux expériences qu'elle a faites sur les diverses parties de son art, et notamment sur la trempe, et sur le recuit de l'acier. Sa fabrique fut mentionnée honorablement en 1819. L'exposition de 1823 prouve que madame veuve Charles a perfectionné sa coutellerie.

M. Bergougnan, à Paris (n°. 312), fabrique, avec succès, des rasoirs damassés et d'autres objets de coutellerie tant fine que commune. Par des procédés particuliers dont ce fabricant est l'inventeur, il ramollit l'acier des lames à rasoirs, au point d'en rendre très-facile l'ébauche par la lime ; il a su rendre ses procédés de trempe et de recuit indépendans de l'adresse ou de l'attention de l'ouvrier ; ce qui facilite et garantit le succès de la fabrication. M. Bergougnan a perfectionné les rasoirs à rabot, qui préservent de coupure les personnes peu exercées à se raser. Cet industrieux fabricant a inventé un rasoir à secret, qui est propre à éviter les accidens.

M. Cardeilhac, à Paris (n°. 1534), a exposé de la coutellerie fine d'une belle exécution , et des lames en damas fabriquées par le procédé de M. Bréant. Les produits de M. Cardeilhac le rangent parmi les couteliers les plus distingués de la capitale.

M. Treppoz, à Paris (n°. 464), a exposé des rasoirs et couteaux en bon acier de damas , qui coupe le fer, et en général de belle coutellerie tant fine que commune ; objets d'un prix modéré.

M. Guerre, à Langres, Haute-Marne (n°. 561), fabrique des couteaux, canifs et rasoirs, dont les prix modiques et la bonne exécution accroissent encore la renommée qui depuis long-temps est acquise à la coutellerie de Langres.

M. Chervet-Vacher, à Thiers , Puy-de-Dôme (n°. 33), fabrique des assortimens de couteaux , canifs, tire-bouchons et tire-bottes, pour lesquels il mérite d'être cité avec éloges.

M. Audenbron, au même lieu (n°. 25), fabrique des assortimens de spatules, couteaux , ciseaux, rasoirs et fourchettes, par lesquels il se montre digne de la même distinction.

M. Buisson-Martignat, au même lieu (n°. 35), fabrique des couteaux et des serpettes à manches d'os, imitant la corne de cerf. Ces objets sont bien exécutés et d'un très-bas prix.

M. Roussin, à Paris (n°. 1018), entre autres articles de coutellerie tant fine que commune, fabrique d'excellens rasoirs avec de l'acier fondu qu'il tire du pays de Liége, et qui est connu sous le nom d'*acier Poncelet*. Le prix d'un semblable rasoir, à manche de baleine et à lame damassée, est d'un franc 25 centimes.

M. Morize, à Paris (n°. 1474), fabrique tonte sorte de coutellerie fine ou commune et des instrumens de chirurgie. Ce coutelier a inventé un moyen particulier de tremper, qu'il nomme la *trempe citrique*; il emploie avec succès l'acier français de la Bérardière, département de la Loire. Il en obtient de bons rasoirs d'un très-beau poli.

M. Boulay, à Paris (n°. 1662), fabrique de bonnes lames de rasoirs, à 9 francs la douzaine, par le moyen du découpoir et du balancier. En trois heures, ce fabricant découpe 600 lames qui sont de tôle d'acier et dont les dos sont fabriqués en fil de fer ou en fil d'acier. M. Boulay est connu avantageusement comme coutelier de l'École vétérinaire d'Alfort.

Il convient encore de citer avec éloges, comme soutenant la réputation de leurs fabriques, les personnes dont les noms suivent, et qui ont obtenu des mentions honorables en 1819.

M. Frestel, à Saint-Lô, Manche (n°. 731), a exposé des rasoirs dont le prix varie de 14 à 108 francs la douzaine, et un rasoir à 6 lames, du prix de 80 francs; articles de coutellerie tant fine que commune.

M. Neel, au même lieu (n°. 730), a exposé des

rasoirs du même genre, dont le prix est de 25 francs la pièce.

M. Gouré, à Caen, Calvados (n°. 1152), réussit à fabriquer, pour des prix modérés, des objets de coutellerie commune semblables à ceux qui proviennent des fabriques anglaises.

MM. Normandin frères, à Paris (n°. 1050), ont exposé, sous le nom de *ligni-guise*, un instrument en bois, qui est destiné à donner le fil aux rasoirs. Ce petit meuble remplit bien son utile objet; il a, de plus, l'avantage d'être d'un prix modique. Comme l'entretien des rasoirs intéresse l'art de la coutellerie, MM. Normandin méritent d'être ici mentionnés.

Il en est de même de M. Domet, Jura (n°. 1215), qui a exposé des palettes à aiguiser, de nouvelle invention.

Nous devons encore citer comme fabriquant de bonne coutellerie commune, les personnes dont suivent les noms :

M. Marquet, à Thiers, Puy-de-Dôme (n°. 26), a exposé des assortimens de bons couteaux de poche, dont le prix varie de 3 francs 75 centimes à 8 francs la douzaine;

M. Perret-Vacherias, au même lieu (n°. 50), des assortimens de ciseaux, qu'il vend de deux francs à 6 francs 50 centimes la douzaine, et des canifs à 1 franc la douzaine;

MM. Lasserre et Lenormand, à Paris (n°. 346), ont déjà été mentionnés, comme ayant exposé de l'acier fondu français, qu'ils emploient dans la fabrication des rasoirs et d'autres objets de coutellerie, ainsi que de l'acier brut, dont ils améliorent la qualité par la cémentation;

M. Tixier fils, à Thiers, Puy-de-Dôme (n°. 31),

a exposé des assortimens de bons ciseaux, d'un prix modique.

Dans la coutellerie fine, il est également juste de citer les fabricans ci-après nommés :

M. Lemaire, à Paris (n°. 1163), outre des rasoirs qu'il donne à l'épreuve, répand dans le commerce d'excellents cuirs à rasoirs;

M. Legrand, à Paris (n°. 870), fabrique toute sorte de coutellerie en or et argent; il fournit ses rasoirs à l'épreuve;

M. Cheneaux, à Paris (n°. 1421), outre de la coutellerie de luxe, a exposé des rasoirs qu'il garantit aux acheteurs pour plusieurs années;

M. Laporte, à Paris (n°. 1032), fabrique de bonne coutellerie fine ;

Madame veuve Dumay, à Paris (n°. 1219), a exposé divers instrumens de chirurgie, parmi lesquels on remarque des assemblages de lancettes, annoncés sous le nom de *sangcues artificielles*;

M. Choquet, à Paris (n°. 345), élève de feu M. Petit-Walle, est l'inventeur d'un rasoir à double rabot, dont le prix est de 15 francs ; il présente en même temps des rasoirs communs, dont le prix est de 12 francs la douzaine;

M. Monin, à Paris (n°. 704), fournit ses rasoirs à l'essai, et les vend pour des prix modérés;

M. Lesueur jeune, à Paris (n°. 1330), fabrique divers instrumens de chirurgie, dont l'exécution est satisfaisante.

M. Lamotte, à Saint-Étienne, Loire (n°. 741), a exposé des rasoirs destinés au commerce de l'Orient, objets dont le prix est de 18 francs les douze douzaines;

M. Bariole, à Paris (n°. 1211), divers articles de coutellerie, parmi lesquels on remarque un modèle de projectile, nommé *boulet à lames;* ce projectile est destiné à couper les voiles et les câbles, par le moyen de quatre lames de scie, dont il est armé.

Dans les outils divers dont nous avons déjà indiqué l'extrême variété, on exige bonne qualité du métal, convenance de la forme et des dimensions de la pièce fabriquée, prix modique, précision et commodité.

MM. Coulaux et compagnie, à Molsheim, Bas-Rhin (n°. 773), fabriquent, outre l'acier, les scies, les limes et d'autres objets dont il a déjà été fait mention, environ 30000 douzaines, par année, d'outils tranchans de menuisier, de tourneur et autres; 8000 douzaines de *mèches,* vrilles et tarières; enfin toute sorte d'articles de quincaillerie. Depuis l'année 1819, ces habiles manufacturiers ont introduit dans leurs ateliers la fabrication de plus de cinquante nouveaux articles, tels que, par exemple, étaux, étrilles, alènes, briquets, tournevis, agrafes et compas, pinces ou tenailles, racloirs, truelles, ressorts de sonnette, vis à bois, vis à lits, boulons, charnières et cadenas, etc. MM. Coulaux et compagnie répandent leurs produits dans le commerce, en abondance et pour des prix modérés. Outre une grande quantité de fer provenant en partie de leurs propres forges, ils consomment environ 1000 quintaux métriques de l'acier naturel raffiné qu'ils préparent eux-mêmes. Dans leur belle usine de Molsheim, on fabrique des cylindres de laminoir en fonte et en acier, espèce d'étoffe dite *Ranquet,* dont l'usage est précieux pour le laminage d'une foule d'objets utiles à tous les arts. On estime que MM. Coulaux et compagnie fournissent à-peu-près la huitième partie des outils qui se consomment en France ; ils emploient deux cent soixante-dix ouvriers, parmi lesquels quarante seulement ont été tirés de l'Allemagne, dans l'origine de l'établissement. Tous les autres sont Français, et capables dès à présent de former en France de bons élèves. Par les progrès notables de leur industrie, MM. Coulaux et compagnie méritent une nouvelle distinction.

MM. Jappy frères, à Beaucourt, Haut-Rhin (n°. 710), sont renommés, depuis long-temps, pour une belle manufacture de mouvemens d'horlogerie, dont leur père fut le fondateur ; ils fabriquent, en outre, par des moyens mécaniques qui leur sont propres, un grand nombre d'articles de quincaillerie, tels que vis à bois, gonds, pitons, boulons, poulies, boucles de sellerie, etc. Depuis l'exposition de 1819, MM. Jappy ont joint à leurs articles de fabrication, qui étaient déjà très-multipliés, des vis à bois en cuivre rouge, à l'usage de la marine ; de nouvelles vrilles de toutes grandeurs, terminées par un pas-de-vis fait au tour et à gorge tortue ; des plaques de propreté en cuivre découpé ; des peignes de tissage, ou *rots*, à dents de cuivre et d'acier ; des serrures à pênes circulaires ; des clous pour les nouvelles caisses à eau de la marine ; enfin un très-grand nombre de fabrications nouvelles, dont les produits sont bien exécutés et d'un prix modique. L'industrie particulière de MM. Jappy exerce une heureuse influence sur plusieurs branches importantes de l'industrie française, ainsi qu'on le voit par le nombre, la destination et la qualité de leurs produits sus-mentionnés.

M. D'Herbecourt, à Paris (n°. 1095), a exposé

des assortimens d'outils à l'usage des charrons, des charpentiers, des menuisiers, des ébénistes, des tonneliers, des sabotiers, des jardiniers, etc. Outre ces outils qui sont journellement employés dans les meilleurs ateliers de la France et qui s'y recommandent autant par leur prix modéré que par leur belle exécution, M. d'Herbecourt a fabriqué pour S. A. R. Monseigneur le duc DE BORDEAUX un brillant nécessaire d'outils: heureux présage de la protection dont l'Auguste Enfant saura bientôt honorer tous les arts utiles! M. d'Herbecourt obtint une médaille d'argent en 1819. Il se montre de plus en plus digne de cette distinction.

M. Deharme, à Paris (n°. 1528), fut mentionné honorablement en 1819 pour assortimens d'articles de quincaillerie fabriqués avec le plus grand soin. Il a exposé en 1823 un grand nombre d'objets du même genre et quelques produits nouveaux qui attestent les progrès de son industrie. Tels sont, par exemple, ses ouvrages en fonte moulée, ses mécanismes en fer, ses espagnolettes, ses outils divers et ses cymbales d'acier. Cet industrieux fabricant s'applique sur-tout à employer l'acier français, afin de bannir l'usage des aciers étrangers; il réussit d'une manière digne d'éloges et d'encouragement.

M. Hue, à Laigle, Orne (n°. 468), a exposé un marteau de son invention, lequel est propre à la taille des meules de moulin; il présente aussi des filières destinées à l'étirage des fils de cardes. Le marteau de M. Hue a été essayé sur les roches les plus dures; il attaque le porphyre oriental sans s'égrener ni éprouver aucun refoulement. Les marbriers de Paris regardent comme très-précieuse l'invention de cet excellent outil. Les filières de M. Hue sont généralement estimées ; il fabrique lui-même l'acier qu'il emploie, et il l'obtient en traitant des débris de marmites de fonte. M. Hue a rendu service à deux branches importantes de l'industrie française.

M. Bertrand-Fourmand, à Nantes, Loire-Inférieure (n°. 744), a exposé des câbles en fer, à l'usage de la marine, objets dont l'exécution est satisfaisante. Ce fabricant est le premier, et jusqu'à présent le seul, qui ait exécuté en France de pareils câbles, dont l'usage est ancien en Angleterre. Un grand atelier vient d'être achevé pour le même objet dans les forges royales de la marine, à Guérigny, département de la Nièvre, et il est sur le point d'être mis en grande activité ; mais l'atelier de M. Bertrand-Fourmand existe déjà, depuis assez long-temps, à Nantes : par cette priorité, autant que par la bonne exécution de ses câbles en fer, M. Bertrand-Fourmand mérite une distinction.

M. Hildebrand, à Paris (n°. 267), fabrique en alliage métallique, dit *composition de timbre de pendule*, des cloches, des grelots et des sonnettes de table et d'appartement. Ce fabricant est le seul qui soit parvenu à employer cette composition, naturellement dure, sonore et susceptible de prendre un très-beau poli, pour en faire des sonnettes d'appartement. Ces élégantes sonnettes sont ornées de dessins en couleur qui sont très-adhérens et dont l'application sur le métal ne diminue point l'éclat du son. M. Hildebrand est aujourd'hui le seul qui fabrique les timbres de montres à répétition.

M. Billiard, à Paris (n°. 1542), présente les diverses pièces, très-bien exécutées, d'une grande sonde en fer forgé; objet important pour la recherche et l'exploitation des substances minérales.

M. Magallon jeune, à Gap, Hautes-Alpes (n°. 21), a exposé un outil pour tailleur de pierre, dit *boucharde*. D'après les essais qu'en ont fait les marbriers de Paris, cette boucharde est préférable aux outils du même genre qui sont fabriqués dans la capitale.

Il convient aussi de citer avec éloges les établissemens et les personnes dont les noms suivent :

L'École royale d'arts et métiers de Châlons sur-Marne, dont M. Billet est directeur, a exposé des étaux, enclumes, filières et autres objets déjà indiqués ci-dessus ;

L'École royale d'arts et métiers d'Angers, dont M. Labite est directeur, a exposé des étaux, bigornes, doloires, cisailles, peloteuses, etc., déjà rappelés ;

M. Henri Didot, à Paris (n°. 305), fabrique des règles d'acier par le moyen d'une mécanique ;

M. Thiebaut fils, à Paris (n°. 1280), des cylindres de cuivre, destinés à l'impression des toiles peintes ;

M. Leignadier, à Paris (n°. 1527), des tubes métalliques de tôle plaquée en laiton, objets dont il a importé la fabrication en France, et qu'il emploie pour confectionner des lits et des rampes d'escalier ;

MM. Perrenet et Mouget, à Pontarlier, Doubs (n°. 782), des ciseaux de menuisier et autres outils bien exécutés, qui confirment ce qui a déjà été dit des mêmes fabricans au sujet des faulx ;

M. Ruffié, à Foix, Ariège (n°. 54), des ciseaux propres à la ciselure des métaux. Ces outils, ainsi que les faulx et les limes du même fabricant, proviennent de l'acier au sujet duquel nous l'avons déjà cité.

M. Dessoye, à Brevannes, Haute – Marne (n°. 564), fabrique des burins qui confirment ce que nous avons déjà dit du même fabricant au sujet des limes.

M. Renard, à Paris (n°. 238), fabrique aussi des burins et des limes de bonne qualité ;

MM. de Laporte, à Paris (n°. 166 et 167), des assortimens de dés pour tailleurs, dits *verges de fer*, et des dés qui sont doublés d'argent et d'or ;

M. Tridon, à Paris (n°. 146), des vis à bois, en fer forgé ;

M. Hamelin-Bergeron, à Paris (n°. 1087), des outils de toute espèce, et notamment de beaux outils de tourneur.

Nous devons encore citer :

MM. Arnheiter et Petit, à Paris (n°. 525), et M. Durand (n°. 1517), pour un grand nombre d'outils destinés au jardinage ;

M. Morizot, à Tonnerre, Yonne (n°. 337), pour un échenilloir de nouvelle invention ;

M. Manceau, à Paris (n°. 1588), pour des outils de cartonnier et autres articles de quincaillerie ;

MM. Vandel et compagnie, à Morez, Jura, (n°. 142), pour des fers de bottes bien fabriqués ;

M. Bezançon, à Paris (n°. 1305), pour divers objets de quincaillerie ;

M. Fontaine, à Paris (n°. 473), pour des vis de différens numéros ;

M. Henri, à Paris (n°. 277), pour des pelles et pincettes dorées et vernies.

On sait que l'acier de damas est un acier naturel, qui résulte, chez les Orientaux, du traitement direct d'un minerai de fer qu'on appelle
aussi minerai d'acier. Cet acier se distingue de
tous les autres par sa dureté, par sa résistance
sous la lime et par une surface moirée, ou parse-
mée de veines fines d'un gris cendré, que l'on
nomme le *damassé*. Nous devons ces détails à un
ouvrier français qui est employé aujourd'hui dans
la fonderie de Strasbourg, après avoir travaillé à
la fabrication des lames de damas chez les Orientaux.

On a long-temps cherché, en France, à imiter
le damassé oriental par le moyen de divers mélanges de fer et d'acier, qui sont connus sous le
nom *d'étoffes*.

M. Bréant, par une longue série d'expériences,
vient enfin de démontrer que la matière du damas
oriental est un acier fondu, qui est plus chargé de
carbone que nos aciers d'Europe et dans lequel,
par l'effet d'un refroidissement convenablement
ménagé, il s'est opéré une cristallisation, ou une
séparation de deux combinaisons distinctes de
fer et de carbone. Le même savant a trouvé le
moyen de convertir directement, par une seule
opération facile et peu dispendieuse, la fonte et
le fer en acier fondu.

Ainsi, M. Bréant obtient aujourd'hui de l'acier
damassé, directement, par le moyen de la fonte
de fer. Ses procédés se rapprochent de ce que l'on
sait concernant la fabrication des meilleures
lames orientales.

Déjà, les services que M. Bréant a rendus aux
arts métallurgiques lui ont fait décerner une médaille d'argent en 1819, notamment pour la pu-

rification en grand du platine, qu'il a rendu complétement malléable. Depuis cette époque, M. Bréant a purifié un nouveau métal, qui est connu sous le nom de *palladium*. On voit, à l'Exposition, une grande lame, une médaille et une coupe de ce nouveau métal. On y voit aussi un grand nombre de lames de sabre damassées et d'autres objets du même genre, que M. Bréant a fabriqués par son nouveau procédé.

Nous devons ici mentionner comme ayant exposé des lames damassées obtenues par d'autres procédés les fabricans dont les noms suivent, et qui ont été indiqués plus haut comme méritant d'autres distinctions :

M. Sirhenry, de Paris (n°. 1575);

Madame Degrand, née Gurgey, de Marseille (n°. 875);

Et M. Treppoz, de Paris (n°. 464), déjà nommés à l'article de coutellerie;

MM. Coulaux et compagnie (n°. 775), déjà nommés à l'article des outils divers.

On distingue aujourd'hui les anciens fusils à pierre et les nouveaux fusils à percussion, à foudre, à piston, que l'on nomme, en général, fusils à procédé, ou à système. Tirer, en un temps donné, un grand nombre de coups avec justesse, à une distance convenable et sur-tout sans aucun danger pour la personne qui fait usage de l'arme, voilà ce que l'on exige de l'une et de l'autre espèce de fusils. Depuis long-temps, les fusils à pierre, quand ils sont bien fabriqués, satisfont à ces conditions ; cependant beaucoup de chasseurs préfèrent les fusils à procédé, que l'on amorce avec une composition connue sous le nom de *nitrate de mercure*. Les amateurs de ces nouveaux fusils les regardent comme susceptibles d'un chargement plus commode, d'une détonation plus rapide, d'un effet plus sûr et d'un entretien plus facile. Ces amateurs sont nombreux, à ce qu'il paraît : car, de tous côtés, on s'occupe de fabriquer des fusils à procédé, depuis que les armuriers français ont inventé divers moyens de les amorcer avec une composition qui diffère de la poudre ordinaire, et de les charger par le tonnerre du canon. Cependant les excellens fusils à pierre n'ont pas cessé d'être recherchés; et si l'une des espèces d'armes à feu susmentionnées doit un jour être généralement préférée à l'autre, ce sera le temps seul qui pourra décider cette question.

M. Lepage, à Paris (n°. 952), a exposé des armes à feu tant anciennes que nouvelles, qui soutiennent et accroissent la réputation de sa manufacture. Parmi ces armes, on distingue un fusil double à pierre, dont le canon est en damas ou étoffe de fer et d'acier, un autre dont le canon est à rubans, plusieurs fusils doubles à piston et à percussion, une carabine à sept coups, susceptibles de partir ensemble par le moyen d'une seule batterie. Cette carabine, dont les sept canons sont rayés intérieurement avec une rare précision, envoie, à ce qu'assure l'auteur, quatorze balles, dont deux par chacun des canons, à une distance de 200 pas, et ces quatorze balles se maintiennent dans un espace de dix pieds carrés; effet qu'on ne saurait obtenir d'aucune canardière. M. Lepage est le premier qui ait porté la rayure des canons à cette perfection; elle fait généralement rechercher ses armes à feu. Cet habile armurier a déterminé, d'après une longue expé rience, l'inclinaison que doit avoir la rayure, suivant sa finesse, afin que l'arme, ainsi fabriquée, porte la balle à une grande distance, sans reculer plus qu'une arme ordinaire. Comme preuve de ce fait, on voit à l'exposition plusieurs canons de pistolet sciés dans le sens de leur longueur. Ils présentent aux yeux leur rayure intérieure, qui est la cause de leur justesse. M. Lepage expose en outre une carabine tournante à brisure sur frottemens en platine, une paire de pistolets dont les canons sont en acier fondu, produit nouveau qui a pour objet de retarder la détérioration de la rayure intérieure des canons. Le même armurier présente des poires à poudre, de son invention; elles préviennent les accidens dits *malcharges*, qui ne sont que trop fréquens dans le chargement des armes à feu. Tous les canons qu'emploie M. Lepage sont fabriqués dans sa forge, située aux Champs-Elysées, près de son tir. Ces mêmes canons sont tous essayés par le moyen d'une machine ingénieuse. Cet armurier emploie environ cinquante ouvriers. M. Lepage père a formé un grand nombre de bons armuriers à Paris. Son fils, qui lui a succédé depuis dix mois, déclare, par une lettre adressée au jury central, que M. Lepage père a eu la plus grande part à la confection des produits exposés. M. Lepage père fut mentionné honorablement en 1819 pour fusils à quatre coups et à deux coups, garnis en platine. Depuis cette époque, l'industrie de ce fabricant a fait des progrès remarquables.

M. Lefaure père, à Presles, Seine-et-Oise (n°. 291), a exposé, entre autres objets très-bien exécutés, des canons à rubans d'acier et un fusil à système, dans lequel un magasin d'a-

morces remplace la batterie. Ce magasin, qui est
à l'abri du feu, se trouve disposé de telle manière,
que l'arme n'est amorcée qu'au moment même
où celui qui en fait usage veut tirer le coup. Il en
résulte que le fusil, quoique chargé, ne présente
aucun danger. La nouvelle platine de M. Lefaure
est susceptible d'être remplacée par une platine
à pierre, ce qui plaît à beaucoup de chasseurs,
et ne se trouve pas dans les fusils de plusieurs
autres armuriers. M. Lefaure, par la belle exécution de ses armes à feu, mérite une distinction.

M. Prélat, à Paris (no. 1621), lequel fut mentionné honorablement, en 1819, pour fusils à percussion ou à foudre, expose, en 1823, des fusils
à percussion, qui prouvent que ce fabricant renommé s'occupe avec succès de perfectionner ses
produits.

M. Albert Renette, à Paris (no. 1090), fabrique
des canons de fusil damassés et autres, qui jouissent d'une grande réputation. On recherche ces
canons dans la confection des armes à feu du plus
grand prix. C'est ce que prouve un fusil double
exposé sous le n°. 410, fusil du prix de 20000 fr.,
dont les canons, très-artistement damassés et rubanés, sont l'ouvrage de M. Renette.

M. Henry Roux, à Paris (n°. 1712), a exposé
un fusil de chasse à piston, qu'il nomme *fusil-
Pauly perfectionné*. Dans cette arme, dit l'auteur
du perfectionnement, l'ancien piston est changé
en un piston de plus forte dimension, qui sert de
marteau intermédiaire entre la noix-marteau et
l'enclume. Un petit ressort, placé au-dessous du
piston, le tient toujours dans la même situation
quand le chien est armé ou à l'arrêt. Du reste, la
manœuvre est la même que celle du *fusil-Pauly* ;

mais les soins d'entretien qu'exigeait ce dernier sont diminués et disparaissent même en partie, ainsi que les inconvéniens qu'il présentait dans la pratique. L'auteur ajoute que cette arme ne peut causer aucun accident à celui qui en fait usage ; qu'on peut même, avec un seul bras, la charger et décharger à volonté; qu'on peut tirer plus de 100 coups sans être obligé de nettoyer le fusil; qu'avec cette arme, on tire, dans un temps donné, trois ou quatre fois plus de coups qu'avec un autre fusil ; qu'on emploie moins de poudre dans la charge; que la balle va plus loin et plus droit au but ; enfin que les fusils de chasse de l'invention *Pauly* peuvent facilement recevoir ce perfectionnement, pour lequel M. Henry Roux a pris un brevet d'invention.

Parmi les avantages que ce fabricant annonce comme réunis dans l'arme dont il s'agit, il en est un que la commission des métaux a constaté par une expérience faite sur le fusil exposé. Avec ce fusil, M. Henry Roux a tiré plus de cent coups en présence d'un grand nombre de témoins, sans qu'il ait été nécessaire de nettoyer l'arme pour tirer de nouveau; mais le temps seul pourra prononcer définitivement sur le mérite réel du fusil à procédé de M. Henry Roux. Ce qui nous paraît constant dès aujourd'hui, c'est que ce fabricant estimé s'occupe sans relâche et avec succès d'améliorer ses produits, pour lesquels il fut mentionné honorablement en 1819.

M. Cessier, à Saint-Etienne, Loire (n°. 742), a exposé un fusil de munition à magasin volant, arme qui est destinée à employer des amorces vernies. Le jury spécial de la Loire estime que ce fusil remplacerait très-avantageusement le fusil de munition, qui est en usage dans l'armée française. C'est une question qui ne pourra être résolue qu'avec le temps et par le Corps royal de l'artillerie. Quoi qu'il en soit, M. Cessier, qui fut mentionné honorablement en 1819, mérite, par les constans efforts de son industrie, d'obtenir une nouvelle distinction en 1823.

Il en est de même de M. Lamotte, du même lieu (n°. 741). Ce fabricant a exposé des pistolets d'un prix élevé, qui sont exécutés dans le goût oriental et dont les canons offrent une heureuse imitation du damas turc. M. Lamotte est déjà cité, dans le cours de ce rapport, au sujet de l'extrême modicité du prix de ses rasoirs, qu'il envoie dans l'Orient.

Il est juste de mentionner avec éloges les armuriers dont suivent les noms :

M. Delebourse, à Paris (n°. 1433), a exposé des fusils à percussion et à un seul cran d'appel, dans lesquels, lorsque l'arme est au repos, le marteau se trouve déjà placé sur la cheminée, invention louable, qui a pour objet d'éviter les accidens ;

M. Jourjon, à Rennes, Ille-et-Vilaine (n°. 410), un fusil double à pierre et à batterie ordinaire, arme sus-mentionnée, dont les sculptures et ciselures représentent les douze travaux d'Hercule ;

M. Nicolas, à Verdun, Meuse (n°. 613), un fusil à piston avec platine, disposition particulière dont cet industrieux fabricant est l'inventeur ;

M. Castel, à Lavelanet, Ariège (n°. 249), un fusil à deux coups, du prix de 240 francs, produit d'une industrie qui n'est encore que peu répandue dans le département de l'Ariège ;

M. Pichereau, à Paris (n°. 1626), des fusils à percussion et autres ;

M. Leblanc, à Joigny, Yonne (n°. 338), des capsules métalliques à amorce qu'il a perfectionnées, et des cartouches qu'il rend imperméables. Ces cartouches sont faites dans une fabrique récemment établie pour cet objet.

Il convient de citer comme d'habiles arquebusiers les personnes ci-après dénommées :

M. Puiforçat, à Paris (n°. 1062), a exposé de belles armes à feu :

M. Perin-Lepage, à Paris (n°. 953), présente un beau nécessaire de pistolets à procédé, un fusil à pierre et à piston, une carabine à sept coups, une autre carabine à un coup et à piston, armes bien exécutées et richement ornées ;

M. Guillemin-Lambert, à Autun, Saône-et-Loire (n°. 780), a exposé deux fusils à percussion ;

M. Girard, à Moulin-la-Marche, Orne (n°. 471), un fusil de chasse à piston, sans chien apparent, arme du prix de 600 francs.

Les succès d'un grand nombre d'armuriers, et les louables efforts qu'ils font tous pour perfectionner leurs produits, prouvent que cette importante fabrication a pris un développement très-étendu sur divers points de la France.

Appendice. D'après l'ordre établi dans le travail du Jury central, les objets sus-mentionnés étaient ceux que devait particulièrement examiner la commission des métaux ; mais l'exposition de 1823 a présenté un grand nombre d'autres produits relatifs au règne minéral. Ces produits ont obtenu, dans les rapports des autres commissions, l'honorable place qu'ils méritaient.

Nous nous bornerons ici à rappeler les plus remarquables :

De beaux ouvrages en métaux précieux, or, argent et platine, ont attiré les regards du public; on a particulièrement distingué les pièces d'orfévrerie qu'ont exposées M. Odiot (n°. 1597), et M. Cahier (n°. 1600), orfèvres renommés de la capitale ;

M. Beaugeois a présenté un bouquet fabriqué en or (n°. 942) ;

M. Lebrun, divers articles d'orfévrerie en argent (n°. 1059) ;

M. Douault-Wieland, de riches objets en vermeil, avec ornemens en gemmes factices (n°. 1301);

M. Schmitt-Schneider, des instrumens à vent exécutés en argent et en cuivre (n°. 1195) ,

M. Bernadda, de la bijouterie en platine et or (n°. 1066) ;

M. Michaud – Labonté, un paratonnerre de marine, en fer revêtu de platine, et une toile de platine pour filtre (n°. 957 et 958) ;

M. Tourrot, des ornemens d'église et de la vaisselle en plaqué, ou doublé d'or et d'argent (n°. 1277) ;

M. Pillioud (n°. 975), et M. Levrat (n°. 912), divers objets en plaqué.

Ces brillans ouvrages proviennent tous des ateliers de la capitale. On n'a pas moins admiré d'autres substances minérales, sur lesquelles s'exerce l'industrie dans plusieurs départemens.

Auprès de Vic dans le département de la Meurthe, une abondante mine de sel gemme (muriate de soude), a été découverte, en 1819, par les soins de la compagnie Thonnelier. Cette compagnie en a commencé l'exploitation régu-

lière, à ses frais, sous la direction de l'Administration générale des Mines (n°. 1542).

A Montpellier, dans le département de l'Hérault , la fabrique renommée de M. Bérard
(n°. 606) continue de répandre dans le commerce une grande quantité d'alun (sulfate alca-
lin d'alumine) de la meilleure qualité. Dans la
même ville , M. Poujet fabrique avec succès de
l'acétate de cuivre (verdet cristallisé), (n°. 607).

A Bouxwiller, dans le département du Bas-
Rhin , une société anonyme, qui, depuis l'année 1816, est concessionnaire d'une mine de lignite , de vitriol et d'alun, exploitée en ce lieu,
en obtient, chaque année, par l'enchaînement
de ses procédés chimiques, 5500 quintaux métriques de vitriol (sulfate de fer), et une égale
quantité d'alun. Ces deux sels proviennent de
l'efflorescence du lignite, dont une partie est
employée comme combustible dans le même
établissement. Le prix moyen du quintal métrique est de 24 francs pour le vitriol, et de 48
francs pour l'alun. Outre ces produits de bonne
qualité, la même société des mines de Bouxwiller fournit au commerce environ 400 quintaux
métriques de bleu de Prusse (prussiate de fer, ou
hydrocyanate de potasse et de fer), du prussiate
de potasse, de l'ammoniaque, et d'autres mar-
chandises qui sont généralement estimées (n°.
799).

A Besançon, dans le département du Doubs,
MM. Bonnet frères, et Champion (n°. 783), fabriquent aussi avec succès du bleu de Prusse et
du prussiate de potasse.

A Vaugirard près Paris, MM. Vincent et compagnie, préparent, à l'instar des bleus de Prusse,

un bleu français qui jouit de l'estime du commerce, ainsi que le prussiate de potasse qui provient de la même fabrique (n°. 1197).

La manufacture de MM. Chaptal, d'Arcet et Holker, située aux Thermes-lès-Paris (n°. 1648), a fixé l'attention du public par la beauté de l'alun et de la soude factice, qu'elle fournit en très-grande quantité. Il s'y fabrique, dit-on, par jour 200 quintaux métriques de soude factice.

MM. Bérard et Delpech, au Mas-d'Azil, dans le département de l'Ariége (n°. 55), fabriquent de l'alun purifié, dont la bonne qualité soutient la réputation de cette manufacture.

M. Dubruel, à Poissy, dans le département de Seine-et-Oise (n°. 87), et M. Callet fils, à Choisy-le-Roi, dans le département de la Seine (n°. 1571), préparent avec succès de la soude factice et d'autres produits chimiques.

A Walmunster, dans le département de la Moselle (n°. 716), M. Bouvier-Dumolard, qui depuis l'année 1817 est concessionnaire d'une mine de lignite pyriteux et alumineux, a établi, en 1822, une usine pour la fabrication de l'alun et du sulfate de fer, par une série d'opérations bien combinées, ce concessionnaire obtient de beau sulfate de fer, dit *vitriol ou couperose*, en cristaux.

A Dieuze, dans le département de la Meurthe, la Compagnie des salines de l'Est (n°. 58) met à profit les résidus de la fabrication du sel, pour préparer une quantité considérable de soude factice, dont la qualité ne laisse rien à désirer.

A Charenton près Paris, MM. Durand jeune, et Marchand (n°. 1353) fabriquent avec succès divers produits chimiques.

A Paris, M. Lefrançois (n°. 766), et M. Gohin (n°. 1289), préparent diverses couleurs minérales qui se recommandent par leur éclat et leur durée.

Divers minéraux. A Lobsann, dans le département du Bas-Rhin (n°. 1428), M Dournay, qui, depuis 1815, est concessionnaire d'une mine de lignite et de malthe, en obtient, par l'enchaînement de ses procédés, un malthe ou bitume asphaltique, qui est propre au goudronnage des vaisseaux, et un mastic résultant du mélange d'une partie de malthe avec trois parties de calcaire bitumineux. Ce mastic est employé avantageusement pour garantir les murs de l'humidité. Le prix de ces produits, par quintal métrique, est de 64 francs pour le malthe, et de 24 francs pour le mastic.

Dans le département des Hautes-Alpes, MM. Chancelle et Briançon (n°. 1768), ont entrepris récemment l'exploitation d'une mine de graphite ou fer carburé. Ce produit, que l'on nomme improprement plombagine, ou crayon de mine de plomb, manquait encore à la France. Les échantillons exposés permettent d'espérer des résultats satisfaisans de ce nouveau genre d'exploitation.

Dans le département du Jura, M. Donnet-Demont (n°. 140), a trouvé du tripoli de bonne qualité, objet précieux dans les arts métallurgiques. Ce tripoli, à ce qu'annonce l'auteur de la découverte, provient de la décomposition des cailloux de jaspe, qu'on emploie pour l'entretien des routes du Jura.

Dans le département de l'Ariége, à la Bastide-sur-Lher, on continue d'employer avec art le lignite, dit *jay* ou *jayet*, pour en façonner divers bijoux. C'est ce qu'indiquent les échantillons de jay qui sont exposés par M. Bergé (n°. 245), et par MM. Coulon père et fils, (n°. 246).

Dans le département de la Gironde, à Bordeaux, MM. Rivière, Lartigue et Lafargue purifient le soufre brut qu'ils tirent de l'Italie et de la Sicile. Ces fabricans en obtiennent du soufre raffiné, en bâtons, produit nécessaire à diverses manufactures françaises (n°. 1354).

L'exploitation des carrières de marbre, que la France possède en abondance, a fait d'heureux progrès dans plusieurs départemens.

Marbres et autres pierres.

M. Castaltat, négociant à Bagnères, a exposé vingt-cinq échantillons de marbres des Hautes-Pyrénées (n°. 1624). Ces marbres sont en général d'un effet agréable et de bonne qualité.

M. Sahyerle, de Toulouse, Haute-Garonne, a également présenté de beaux marbres des Pyrénées (n°. 1614);

M. Joachim Coste (n°. 56), divers échantillons de beaux marbres, qui sont exploités à Bélesta, dans le département de l'Ariége;

M. de Rinquesen (n°. 72), sept tables de marbres divers, qui proviennent des environs de Boulogne, dans le département du Pas-de-Calais.

M. Langlois-Letailleur (n°. 1729) a exposé des marbres qui ont été récemment découverts aux environs de Beauvais, dans le département de l'Oise ;

M. Thiebaut (n°. 456), et M. Maubon (n°. 815), du marbre qui provient des environs de Nancy, dans le département de la Meurthe ;

M. Lafond-Villiers, pour la compagnie Prévost-Pugens, de Toulouse (n°. 1344), divers

7

échantillons d'autres marbres qu'on exploite dans les Pyrénées-Orientales.

Les marbres de France ont été employés, avec succès, pour la confection de divers meubles.

M. Quivy, du département du Nord (n°. 814), a exposé deux cheminées en marbre qui provient de ce département;

M. Labiois, de Paris, des cheminées et fontaines en marbre (n°. 889);

M. Mionnet-Henraux, pour M. le baron Morel de Bavay, des cheminées et guéridons (n°. 1216).

D'autres substances minérales ont éveillé l'industrie dans plusieurs départemens :

M. Sagstête, de Limoges, Haute-Vienne, a exposé un poêle de serpentine (n°. 853) ;

M. Durand, de Paris, diverses imitations de marbre, et des colonnes en marbre d'Italie (n°. 1317).

M. Leroy, de Paris, a présenté divers objets, tels que pendules et cheminées en albâtre gypseux grisâtre. Cet albâtre provient d'une carrière découverte à Torigny près Lagny, dans le département de Seine-et-Marne (n°. 806).

M. Frère, de Paris (n°. 92), a exposé un modèle de temple en albâtre de Lagny;

M. Gozzoli (n°. 1676), divers ouvrages en albâtre d'Italie ;

M. Serres, sous-préfet à Embrun (n°. 22), un échantillon de pierre lithographique qui provient d'un carrière découverte dans le département des Hautes-Alpes.

M. Besson (n°. 430), et M. Hervel, à Meûnes, dans le département de Loir-et-Cher, exploitent des carrières de silex; ils taillent ces cailloux en pierres à fusil, dont la réputation est depuis long-temps établie.

M. Dedreux, à Paris (n°. 1653), fabrique des pierres artificielles qui ont attiré les regards du public.

Vingt-deux lapidaires, à Septmoncel, dans le département du Jura, taillent avec art des pierres, tant fines que fausses, qu'ils ont exposées collec-tivement (n°. 141).

A Paris, MM. Douault-Wieland (n°. 1302) et Maréchal (n°. 161) imitent les pierres précieuses ou gemmes de diverses couleurs; ils fabriquent des strass, ou faux diamans, avec un art qui étonne les lapidaires les plus exercés. On a éga-lement remarqué les imitations de chrysoprase qu'a exposées M. Bourguignon (n°. 983).

Sur divers points du Royaume, d'habiles ma- Faïence.
nufacturiers s'appliquent à perfectionner la fa-brication de la faïence :

A Rouen, M. Amédée-Lambert (n°. 1463);

A Forges-les-Eaux, M. Ledoux-Woode (n°. 1464), et MM. Mutel et compagnie (n°. 1465);

A Tours, M. Guillemot-Epron (n°. 516) ;

A Beaumont-le-Chartif, Eure-et-Loir, M. Lejeune (n°. 727);

A Gien-sur-Loire, MM. Hall et Guyon (n°. 528);

A Toulouse, MM. Fouque et Arnoux (n°. 1487);

A Lunéville, M. Keller (n°. 158);

A Paris, MM. Morial et Legros d'Anisy (n°s. 995 et 1599).

Outre les produits en faïence, l'exposition réu- Diverses
nit beaucoup d'objets relatifs à l'art important poteries.
du potier : tels sont

Les divers articles de poterie qui proviennent de la fabrique de MM. Fobry et Utzschneider, située à Sarreguemines, département de la Moselle; objets parmi lesquels on a sur-tout admiré des vases de diverses formes, et de très-beaux candélabres en terre cuite, dont la composition imite le porphyre de Suède (n°. 1573).

Tels sont encore

Les cruches de terre, de M. de Meillonas, dans le département de l'Ain (n°. 105);

Les vases en hygiocérame, de M. Fourmy, à Paris (n°. 1713);

Les ustensiles de ménage en terre de pipe, blanche et peinte, de M. Keller, à Lunéville (n°. 158);

Les carreaux de terre cuite, de M. Mathelin, à Orléans (n°. 1770);

Les pièces de carrelage, de M. Jullien, aux Fourneaux, en la commune de Mée, Seine-et-Marne (n°. 258);

Les carreaux en terre cuite colorée, de M. Roux, à Paris (n°. 703);

Les creusets de M. Mouchard, à Angoulême (n°. 616); de M. Lamontagne, à Limoges (n°. 1006); de M. Fritz, à Sarreguemines (n°s. 717 et 1430); de M. Gilbert, à Orléans (n°. 593);

Porcelaine.   Enfin les produits d'un grand nombre de manufactures de porcelaine. Ces derniers établissemens sont en activité dans les lieux suivans :

A Limoges, manufacture de MM. Legai et compagnie (n°. 1004); de M. Alluaud (n°. 1005); de M. Tharraud (n°. 1170);

A Saint-Amand, Nord, de M. Dorchies-Herbo (n°. 671); de M. de Bettignies (n°. 1545);

A Foëcy, Cher, autre manufacture de porcelaine (n°. 847);

A Lurcy-Lovy, Allier, manufacture de M. le

comte de Castellane, dans laquelle la fabrication est dirigée par M. Burguin;

A Villedieu, Indre, de MM. Blanc et compagnie (n°. 950);

A Bayeux, Calvados, de M. Langlois (n°. 1134);

A Paris, manufacture de M. André (n°. 1641); de MM. Discry père et fils (n°. 924); de MM. Morial et Legros d'Anisy (n°ˢ. 995 et 1599); de M. Honoré (n°ˢ. 1615 et 1674); de M. Jullien (n°. 1466); de M. Denuelle (n°. 1392);

A Sèvres, manufacture royale. Ce bel établissement, dont le directeur est M. Brongniart, ingénieur en chef au corps royal des mines, et membre de l'Institut, a exposé une jardinière de grandes dimensions, avec bronzes dorés; une grande plaque blanche, propre à la peinture sur porcelaine; une table de grand salon, et un grand buste du Roi (n°. 1680).

Plusieurs manufactures de verres, de cristaux et de glaces, ont exposé leurs produits. Ces établissemens sont situés dans les lieux suivans :

A Riesme, près Sainte-Menehould, manufacture de verre blanc, de M. Florion (n°. 896);

A Harberg, Meurthe, verrerie à vitres, de M. Barrabino (n°. 157);

A Prémontré, Aisne, fabrique de M. de Violaine, qui a exposé des verres de toutes dimensions et de toutes couleurs (n°. 358);

Dans le département des Bouches-du-Rhône, manufacture de M. Grimblot, qui présente des verres à vitres de grandes dimensions (n°. 1724);

A Choisy-le-Roi, fabrique de verres plats, de cristaux et de glaces soufflées, de MM. Georgéon et Bontemp (n°. 1282);

Au Creusot près Mont-Cénis, Saône-et-Loire,

manufacture de cristaux, de MM. Chagot frères
(n°. 1639 *bis*) ;

A Vonêche – Baccarat, Meurthe, manufacture de cristaux de MM. Godard et compagnie
(n°. 159) ;

A Cirey, Meurthe, manufacture de glaces
(n°. 1468) ;

A Paris, fabrique de glaces rondes, concaves
et convexes, de M. Levasseur (n°*. 176 et 1049);

A Saint-Gobin et à Paris, la manufacture
royale, qui a présenté des glaces coulées des plus
grandes dimensions.

Conclusion générale.

Il a suffi de jeter un coup d'œil sur cette multitude d'objets utiles, qui tous résultent d'un
travail appliqué, soit aux métaux, soit aux
pierres ou terres, soit aux minéraux quelconques, pour sentir combien est importante et
combien est active en France l'exploitation des
substances minérales. Par un examen attentif,
on reconnaît que, depuis l'exposition de 1819,
cette branche de l'industrie française a fait des
progrès incontestables. Les arts métallurgiques
ont enfin pris un essor, qui depuis long-temps
était vivement désiré. De tous côtés, la France
a vu s'élever de grands ateliers, heureux effet
de la réunion des capitaux et des lumières. Déjà
l'auguste main d'un Monarque, protecteur de
tous les arts, destine à ces entreprises des récompenses, qui vont devenir le présage de nouveaux succès. Comme nous, la postérité dira :
Sous le règne paternel de Louis XVIII, com-
mença en France une nouvelle ère de l'exploitation des substances minérales.

TROISIÈME PARTIE.

*LISTE indicative des distinctions accor-
dées par le Roi, relativement aux Arts
Métallurgiques, par suite de l'exposition des produits de l'industrie française, de l'année 1823.*

Le Jury central de l'exposition des produits de
l'industrie française, en l'année 1823, a décerné,
pour les objets suivans, aux personnes ci-après
nommées, les distinctions que voici :

Relativement au Plomb :

A M. Lenoble, à Paris, rue des Coquilles,
n°. 2 (n°. 1041),

Médaille de bronze, pour tuyaux de plomb étirés sans
soudure et de vingt calibres différens, depuis 4 pouces
jusqu'à 4 lignes, et pour plomb laminé ;

A M. Pavalier fils, à Marseille, Bouches-du-
Rhône (n°. 1726),

Idem, pour tuyaux de plomb laminés sans soudure ;

A M. Fclatieu, à Bains, Vosges (n°. 76),

Mention honorable, pour plomb laminé à une petite
épaisseur, et appliqué sur diverses moulures. (*Voyez*
Fer-blanc, Tréfileries);

A M. Pécard-Taschereau, à Tours, Indre-et-
Loire (n°. 515),

Rappel d'une Médaille de bronze, décernée en 1819,
pour minium et plomb de chasse ;

A M. Moulin , à Paris , à la Tour Saint-Jacques de la Boucherie (n°. 281),

Mention honorable , pour plomb de chasse de tous numéros ;

A M. Roard , à Clichy , et à Paris , rue Montmartre , n°. 60 (n°. 705),

Rappel d'une *Médaille d'or*, décernée en 1819, pour céruse, minium, mine-orange, blanc d'argent, et autres préparations de plomb ;

A M. Salomon, à Marseille, Bouches-du-Rhône (n°. 878),

Médaille de bronze, pour blanc de céruse ;

A MM. Mouvet et Mathieu, à Saint-Privé, Loiret (n°⁵. 600 et 1117),

Mention honorable , pour *idem*;

A MM. Laurence et compagnie, de Poitiers (n°. 1521),

Citation, pour échantillons de minerais de plomb et de zinc, découverts dans le département de la Charente.

Relativement au CUIVRE :

Aux Entrepreneurs des fonderies de Romilly, Eure (n°. 1325),

Rappel d'une *Médaille d'or*, décernée en 1819, pour clous de cuivre et feuilles de cuivre laminé. (Voyez *LAITON*);

A MM. Débladis , Auriacombe , Guérin jeune et Bronzac, à Imphy, Nièvre (n°. 227),

Idem, pour feuilles de cuivre laminé et fonds de chaudière du même métal, fabriqués au martinet. (Voyez *TÔLES et FERS-NOIRS , FER-BLANC*);

A MM. Witz Stefan, Oswald frères, et compagnie, à Niederbrück, Haut-Rhin (n°. 194),

Médaille d'argent, pour feuilles de cuivre laminé, grandes planches destinées à la gravure, et grandes coupes de chaudière fabriquées au martinet. (Voyez *LAITON et TRÉFILERIES*) ;

A M. Parand, à Limoges, Haute - Vienne (n°. 1012),

Médaille de bronze, pour bassins de cuivre bien exécutés et d'un prix modéré ;

A M. Bobilier, à Pontarlier, Doubs (n°. 1746),

Mention honorable, pour cuivre laminé, coupes de chaudière et tuyères du même métal ;

A MM. Mertian frères, à Montataire, Oise (n°. 1698),

Idem, pour cuivre laminé. (Voyez *FER et FER-BLANC*) ;

A MM. Villette frères, à Lyon, Rhône (n°. 444),

Idem, pour cuivre en bâtons destinés à l'étirage en fil. (Voyez *TRÉFILERIES*) ;

A M. Gardon, à Lyon, Rhône (n°. 834),

Idem, pour *idem.* (Voyez *TRÉFILERIES*) ;

A M. le comte du Saillant, préfet de la Dordogne (n°. 24),

Citation, pour échantillons de minerai de cuivre découverts à Farges, dans le département de la Corrèze, et pour objets en cuivre provenant de ces minerais.

Relativement au LAITON :

A MM. Witz Stefan, Oswald frères, et compagnie, à Niederbrück, Haut-Rhin (n°. 194),

Mention honorable, pour feuilles de laiton. (Voyez *CUIVRE et TRÉFILERIES*) ;

A M. le baron Saillard, à Paris, rue de Clichy (n°. 150),

Idem, pour *idem*. (Voyez ZINC) ;

Aux Entrepreneurs des fonderies de Romilly, Eure (n°. 1325) ,

Idem, pour feuilles et chevilles de laiton. (Voyez CUIVRE).

Relativement au ZINC :

A MM. Talabot et compagnie, à Paris, rue de la Fidélité, n°. 7 (n°. 1191),

Médaille d'argent, pour baignoirs, robinéts et autres objets en zinc ;

A M. Mosselman, à Valcanville, Manche, et à Paris, rue de la Chaussée - d'Antin, n°. 7 (n°. 1519),

Idem, pour feuilles laminées, clous, tuyaux, gouttières et autres objets en zinc ;

A M. le baron Saillard, à Paris, rue de Clichy (n°. 150) ;

Rappel d'une *Médaille d'argent*, décernée en 1819, pour feuilles de zinc et cahiers de zinc laminé en feuilles très-minces. (Voyez LAITON).

Relativement au BRONZE :

A l'École royale des Arts et Métiers de Châlons-sur-Marne,

Rappel d'une *Médaille d'or*, décernée en 1819, pour l'ensemble de ses produits. (Voyez OUTILS DIVERS);

A M. Thomire , à Paris , boulevard Poissonnière , n°. 2 (n°. 1543) ,

Rappel d'une *Médaille d'or*, qui lui fut décernée en 1806,
et *Mention honorable*, pour un surtout de table en bronze;

A M. Desnières, à Paris, rue Vivienne , n°. 15
(n°. 1583) ,

Rappel d'une *Médaille d'argent*, décernée en 1819, pour
de riches ouvrages en bronze ;

A M. Galle , à Paris , rue de Colbert , n°. 1
(n°. 1616) ,

Idem, pour *idem* ;

A M. Puymaurin fils (n°. 1711) ,

Médaille de bronze, pour médailles coulées en bronze
dans la Monnaie royale des médailles , et pour ses utiles
recherches en métallurgie ;

A M. Choiselat, à Paris, rue de Richelieu ,
n°. 21 (n°. 1581) ,

Mention honorable, pour candélabres en bronze ;

A M. Lelong, à Paris, rue Montorgueil , n°. 71
(n°. 1540) ,

Idem, pour chaînes en bronze.

Relativement au MERCURE :

A M. Desmoulins, à Paris, rue Sainte-Avoye ,
n°. 41 (n°. 266) ,

Médaille d'argent, pour vermillon ou sulfure de mercure en poudre , de la plus belle qualité.

Relativement à la FONTE DE FER :

A la Compagnie des Mines de fer de Saint-

Étienne, Loire (n°. 1174), dont l'établissement a été formé sous la direction de M. de Gallois, ingénieur en chef des mines,

Médaille d'or, pour fonte de fer obtenue, par le moyen de la houille et du minerai de fer des houillères, dans le haut-fourneau du Janon, près Saint-Étienne, département de la Loire ;

A MM. Beaunier et Milleret, à Saint-Hugon, Isère (n°. 482),

Pour perfectionnemens apportés à la fabrication de la fonte pour acier, dans le département de l'Isère, rappel d'une *Médaille d'or*, qui fut décernée, à chacun d'eux, en 1819. (Voyez *Acier*) ;

A M. le marquis de Louvois, à Ancy-le-Franc, Yonne (n°. 336),

Médaille d'argent, pour fonte douce et malléable qui provient de l'usine qu'il a récemment établie à Ancy-le-Franc, département de l'Yonne ;

A MM. Derosne et Vertel, Doubs (n°. 1748),

Idem, pour ustensiles en fonte de fer qui sont émaillés intérieurement ;

A MM. Waddington frères, à Saint-Remi-sur-Avre, Eure-et-Loir (n°. 724),

Médaille de bronze, pour pièces de machine coulées par un mélange de fonte française et de fonte étrangère ;

A M. Mentzer, à Paris, rue Saint-Victor, n°. 44 (n°. 926),

Idem, pour mortiers et colonnes de balance en fonte de fer, objets tournés et polis ;

A MM. Dumas, à Paris, aux Quinze-Vingts, faubourg Saint-Antoine (n°. 1204),

Idem, pour roulettes, médailles, et ornemens coulés en fonte de fer ;

A MM. Risler frères, et Dixon, à Cernay, Haut-Rhin (n°. 193),

Mention honorable, pour pièces de machine en fonte de fer, provenant d'usines françaises et coulée au sable vert ; objets pour lesquels une *Médaille d'argent* aurait été décernée à ces fabricans, s'ils n'avaient d'ailleurs obtenu une *Médaille d'or* au sujet des machines par eux exposées;

A MM. Blum , à Magny-Vernois et à Saint-Georges, Haute–Saône (n°. 865),

Idem, pour divers objets en fonte de fer;

A MM. Sagnard , Meneu et compagnie, à Saint-Étienne, Loire (n°. 740),

Idem, pour divers articles de quincaillerie en fonte de fer douce.

Relativement au FER en barres et en lames :

A M. de Wendel , à Moyœuvre et à Hayange, Moselle (n°. 558),

Médaille d'or, pour fer affiné à la houille et étiré au laminoir, dans ses deux usines, par les procédés qu'il y a introduits sans le secours d'aucun ouvrier étranger. (*Voyez FER-BLANC*);

A MM. Labbé et Boigues frères , à Fourchambault , Nièvre (n°. 226),

Idem, pour fer affiné à la houille et étiré au laminoir, dans la grande usine qu'ils ont récemment établie à Fourchambault;

A M. Dufaud, directeur des forges de Fourchambault ,

Pour avoir établi l'affinage du fer par le moyen de la houille, et l'étirage par le moyen du laminoir, rappel d'une *Médaille d'or*, qui lui fut décernée en 1819;

A MM. Mertian frères, à Montataire, Oise (n°. 1698),

Idem, pour fer fabriqué avec de vieille fonte, par le moyen de la houille et du laminoir. (Voyez *CUIVRE et FER-BLANC*);

A MM. Aubertot père et fils, à Vierzon, Cher (n°. 525),

Médaille d'argent, pour fers, dits *bandages d' roues*, fabriqués au charbon de bois et au marteau, et percés à froid par le moyen d'une mécanique, ainsi que pour fers de divers échantillons ;

A MM. Thué et Mater, à Crozon, Indre (n°. 521),

Idem, pour fers en verges qui sont recherchés par les fabriques de clouterie ;

Aux forges de Moncey, Doubs, appartenant à M. le maréchal duc de Conégliano (n°. 784),

Médaille de bronze, pour échantillons de fer affiné à la houille et forgé au marteau.

Relativement à l'*ACIER* :

A MM. Jackson père et fils, à Outrefurens, Loire (n°. 736),

Médaille d'or, pour lingots et barres d'acier fondu, et pour acier cémenté ;

A M. Ruffié, à Foix, Ariège (n°. 54),

Idem, pour aciers naturels et cémentés. (Voyez *FAULX, LIMES, OUTILS DIVERS*);

A MM. Bernadac père et fils, à Sahorre et à Ria, Pyrénées-Orientales (n°. 925),

Idem, pour acier naturel et pour acier cémenté ;

A MM. Garrigou, Sans et compagnie, à Toulouse, Haute-Garonne (n°. 1486),

Rappel d'une *Médaille d'or*, décernée en 1819, pour aciers cémentés, propres à la coutellerie fine et à la fabrication des limes et des faulx. (Voyez *FAULX et LIMES*);

A M. Beaunier, Isère (n°. 482 et 739),

Idem, pour aciers divers obtenus à Rives, département de l'Isère, et pour aciers fondus et autres, de toute qualité, obtenus à la Bérardière, département de la Loire. (Voyez *FONTE DE FER*);

A MM. Monmouceau père et fils, et compagnie, à Orléans, Loiret (n°. 596),

Idem, pour aciers cémentés. (Voyez *LIMES*);

A M. Saint-Bris, à Amboise, Indre-et-Loire (n°. 514),

Idem, pour acier de cémentation, dont il a établi la fabrication depuis l'année 1819. (Voyez *LIMES*);

A M. Dequenne, à Raveau, Nièvre (n°. 221),

Idem, pour acier de cémentation. (Voyez *LIMES*);

A M. Rivals, aux forges de Gincla, Aude (n°. 1432),

Médaille d'argent, pour acier de cémentation. (Voyez *LIMES*);

A M. Juddelajudie, à Champagnac, Haute-Vienne (n°. 1013),

Idem, pour acier naturel corroyé, reconnu propre à la fabrication des baïonnettes;

A MM. Rochet-Sirodot et compagnie, à Bèze Côte-d'Or (n°. 603),

Rappel d'une *Médaille d'argent*, décernée en 1819, pour acier naturel raffiné à divers états et pour tôle d'acier. (Voyez *LIMES et RAPES, TÔLES et FERS-NOIRS*);

A M. Berthier, à Bizy , Nièvre (n°. 224),

Médaille de bronze , pou.. acier obtenu d'une fonte de fer grise, qui est d'ailleurs employée avec succès pour la fabrication d'objets coulés en fonte de fer;

A M. Payssé, à Creutzwald, Moselle (n°. 1173),

Mention honorable , pour aciers de divers échantillons;

A M. Falatieu jeune , à la forge de Pont-du-Bois , Haute-Saône (n°. 863),

Idem, pour *idem;*

A MM. Lasserre et Lenormand, à Paris (n°. 346),

Idem, pour traitement de l'acier fondu français, et pour acier de cémentation. (Voyez *COUTELLERIE*);

A M. Bréant , vérificateur général des essais à la Monnaie de Paris (n°. 1620),

Idem , pour échantillons d'acier fondu, et pour objets en acier de Damas. (Voyez *ARMES BLANCHES*).

Relativement aux FAULX et FAUCILLES :

A M. Ruffié , à Foix , Ariége (n°. 54) ,

Pour une fabrication de faulx qui s'est élevée à 42920 pièces en 1822, *Mention honorable*, avec rappel d'une *Médaille d'or* qui lui est décernée pour l'ensemble de ses produits. (Voyez *ACIER, LIMES et OUTILS DIVERS*);

A MM. Garrigou , Sans et compagnie, à Toulouse, Haute-Garonne (n°. 1486),

Pour une fabrication de faulx, qui s'élève annuellement à 90000 pièces ; *Mention honorable*, avec rappel d'une *Médaille d'or*, qui lui fut décernée en 1819, pour l'ensemble de ses produits. (Voyez *ACIER et LIMES*);

A M. Billot, à la Ferrière-sous-Jougue, Doubs (n°. 789),

Médaille de bronze, pour une fabrication de faulx, qui s'élève annuellement à 7000 pièces, par l'emploi d'acier français du même fabricant, et pour exportation de faulx en Suisse;

A M. Nicod, commune des Gras, Doubs (n°. 1747),

Idem, pour une fabrication de faulx, qui s'élève annuellement à 8000 pièces, par l'emploi d'aciers dont une partie est tirée de l'étranger ;

A M. Bouffon, à Sauxillanges, Puy-de-Dôme (n°. 44),

Idem, pour faulx d'un prix modique et de bonne qualité ;

A MM. Perrenet et Mouget, à Pontarlier Doubs (782),

Mention honorable, pour fabrication de faulx, et autres outils, par le moyen de l'acier cémenté et de la tourbe. (Voyez *OUTILS DIVERS*).

Relativement aux L₁ ₅ₛ *et* R*APES* :

A M. Rémond, à Vers.... .s, Seine-et-Oise (n°. 588),

Médaille d'or, pour limes de la meilleure qualité, fabriquées avec des aciers français du département de la Loire ;

A MM. Coulaux et compagnie, à Molsheim, Bas-Rhin (n°. 773),

Pour excellentes limes et râpes qu'ils fabriquent en grande quantité, rappel d'une *Médaille d'or* qui leur fut décernée, en 1819, pour l'ensemble de leurs produits. (Voyez *SCIES*, *OUTILS DIVERS et ARMES BLANCHES*);

A M. Saint-Bris, à Amboise, Indre-et-Loire (n°. 514),

Idem, pour limes et râpes de bonne qualité. (Voyez *ACIER*);

8

A M. Musseau, à Paris, faubourg Saint-Antoine, n°. 137 (n°. 1222),

Médaille d'argent, pour limes de bonne qualité fabriquées avec des aciers français du département de la Loire;

A MM. Abat, Sans et Morlière, à Pamiers, Ariége (n°. 52),

Idem, pour limes de bonne qualité et d'un prix modique;

A MM. Jaunez et compagnie, au Paraclet, Aube (n°. 1165), et à Paris, rue de Bondi, n°. 52 ,

Médaille de bronze, pour limes en paille, de bonne qualité, dont ils ont récemment établi la fabrication;

A M. Schmidt, à Ménil-Montant, n°. 24, près Paris (n°. 273),

Idem, pour bonnes limes fabriquées avec de l'acier français, et diversement taillées;

A M. Dequenne, à Raveau, Nièvre (221),

Mention honorable, pour excellentes limes qui proviennent de l'acier qu'il fabrique. (Voyez *ACIER*);

A M. Fouques, à Pont-Saint-Ours, Nièvre (n°. 655),

Mention honorable, pour limes d'une bonne fabrication. (Voyez *TÔLES et FER-BLANC*);

A M. Rivals, aux forges de Gincla, Aude (n°. 1432),

Idem, pour *idem.* (Voyez *ACIER*);

A MM. Rochet-Sirodot et compagnie, à Bèze, Côte-d'Or (n°. 603),

Idem, pour *idem.* (Voyez *ACIER, TÔLES et FERS-NOIRS*);

A MM. Aubert et Somborn, à Boulay, Moselle (n°. 718),

Idem, pour limes de bonne qualité. (Voyez *Scies*);

A MM. Leger et Emon, à Chaville (Seine-et-Oise (n°. 16o3),

Idem, pour *idem ;*

A M. Pupil, à Paris, rue de l'Oursine, n°. 64 (n°. 890),

Idem, pour *idem;*

A M. Renard, à Paris, rue Gervais-Laurent, n°. 1er. (n°. 238),

Idem, pour *idem*. (Voyez *Outils divers*);

A M. Dessoye, à Brevannes, Haute-Marne (n°. 564),

Idem, pour *idem*. (Voyez *Outils divers*) ;

A MM. Garrigou, Sans et compagnie, à Toulouse, Haute-Garonne (n°. 1486),

Pour limes de très-bonne qualité, rappel d'une *Mention honorable* qui leur fut décernée en 1819. (Voyez *Acier et Faulx*) ;

A MM. Monmouceau père et fils, et compagnie, à Orléans, Loiret (n°. 596),

Pour limes et râpes de bonne qualité qui proviennent de l'acier qu'ils fabriquent, *idem*. (Voyez *Acier*) ;

A M. Ruffié, à Foix, Ariége (n°. 54),

Idem, pour bonne fabrication de limes. (Voyez *Acier, Faulx et Outils divers*).

———————

Relativement aux Scies :

A MM. Coulaux et compagnie, à Molsheim, Bas-Rhin (n°. 773),

Pour fabrication très-active d'excellentes scies de toute espèce, rappel d'une *Médaille d'or* qui leur fut décernée, en 1819, pour l'ensemble de leurs produits. (Voyez *Limes, Outils divers et Armes blanches*) ;

A MM. Peugeot frères, et Salin, à Hérimoncourt, Doubs (n°. 764),

Médaille d'argent, pour bonnes lames de scies et autres objets laminés, de fer et d'acier;

A MM. Aubert et Somborn, à Boulay, Moselle (n°. 7!8),

Médaille de bronze, pour bonnes scies et autres outils dont ils ont récemment établi la fabrication. (Voyez *LIMES*);

A M. Mongin aîné, à Paris, rue Galande, n°. 63 (n°. 1250),

Idem, pour scies à mécanique, de forme circulaire, et autres.

Relativement aux Tôles et Fers-noirs :

A MM. Débladis, Auriacombe, Guérin jeune et Bronzac, à Imphy, Nièvre (n°. 227),

Médaille d'or, pour tôle de fer laminée et pour fonds de chaudière de fer fabriqués au martinet, objets de la plus belle exécution et de la meilleure qualité. (Voyez *CUIVRE et FER-BLANC*);

A M. Fouques, à Pont-Saint-Ours, Nièvre (n°. 655),

Idem, pour tôle de fer laminée d'excellente qualité. (Voyez *LIMES et FER-BLANC*);

A MM. Rochet-Sirodot et compagnie, à Bèze, Côte-d'Or (n°. 603),

Pour bonne tôle d'acier, rappel d'une *Mention honorable,* qui leur fut décernée en 1819, relativement aux tôles et fers-noirs. (Voyez *ACIER, LIMES et RAPES*).

Relativement au FER-BLANC :

A M. de Wendel, à Moyœuvre et à Hayange, Moselle (n°. 558),

Mention honorable, pour fer-blanc de la meilleure qualité, qui a été pris en considération dans l'article où ce fabricant a obtenu une *Médaille d'or.* (Voyez Fer);

A Madame veuve de Buyer, à la forge de la Chaudeau, commune d'Aillevillers, Haute-Saône (n°. 864),

Médaille d'argent, pour fer-blanc très-ductile et bien étamé ;

A M. Falatieu , à Bains, Vosges (n°. 76),

Idem , pour fer-blanc de bonne qualité et d'une belle fabrication. (Voyez Plomb, Tréfileries);

A MM. Débladis, Auriacombe , Guérin jeune et Bronzac, à Imphy, Nièvre (n°. 227),

Pour très-bon fer-blanc, *idem,* avec rappel d'une *Médaille d'or,* décernée pour tôles. (Voyez Cuivre , Tôles et Fers-noirs);

A M. Fouques , à Pont-Saint-Ours , Nièvre (n°. 655),

Idem , pour *idem.* (Voyez Limes et Tôles);

A MM. Mertian frères , à Montataire, Oise (n°. 1698),

Idem, avec rappel d'une *Médaille d'or,* décernée en 1819, pour très-beau fer-blanc , exécuté au laminoir. (Voyez Cuivre et Fer).

Relativement aux Tréfileries :

A M. Mouchel fils , à Laigle, Orne (n°. 574),

Pour fil de cuivre , de fer et de zinc , rappel d'une *Médaille d'or,* qui lui fut décernée en 1819 ;

A MM. Pespet et compagnie , à Val-Benoist, Loire (n°. 737),

Médaille d'argent, pour excellent fil d'acier, de toute sorte ;

A MM. Mouret et compagnie , aux forges de Chène-Cey, Doubs (n°. 1722),

Idem, pour fabrication active de bons fils de-fer, d'acier et de laiton ;

A MM. Villette frères , à Lyon , Rhône (n°. 444),

Idem , pour bons fils métalliques, ou traits de différentes grosseurs, fabriqués avec du cuivre français du départe-ment du Rhône. (Voyez *Cuivre*);

A M. Primois, à Laigle, Orne (n°. 1741),

Idem, pour fils de fer et d'acier propres à la fabrication des cardes et des aiguilles ;

A M. Gardon , à Lyon, Rhône (n°. 834),

Pour fils de cuivre , ou traits, d'une grande finesse et de bonne qualité, rappel d'une *Médaille d'argent,* qui lui fut décernée en 1819. (Voyez *Cuivre*);

A M. Mignard-Billinge, à Belleville près Paris (n°. 1196),

Médaille de bronze, pour fer et cuivre étiré à la filière , et pour fil d'acier ;

A MM. Witz Stefan, Oswald frères, et compa-gnie , à Niederbrück , Haut-Rhin (n°. 194),

Pour fils de cuivre, ou traits, *Mention honorable,* avec

rappel d'une *Médaille d'argent*, décernée aux mêmes fabricans, relativement au cuivre. (Voyez *Cuivre*, *Laiton*);

A M. Rousset, à Paris, rue Guérin-Boisseau, n°. 45 (n°. 659),

Mention honorable, pour cordes à instrumens en fil métallique ;

A M. Falatieu, à Bains, Vosges (n°. 76),

Idem, pour fil de fer. (Voyez *Plomb et Fer-blanc*).

———————

Relativement aux Aiguilles :

A MM. Sevin de Beauregard et van Houtem, Laigle, Orne (n°. 466),

Médaille de bronze, pour aiguilles à coudre et à tricoter, de bonne qualité et d'un prix modique.

———————

Relativement, aux Cardes :

A M. Hache - Bourgois, à Louviers, Eure (n°. 1171),

Médaille d'or, pour cardes que ce fabricant fournit aux manufactures de tissus les plus renommées ;

A MM. Scrive frères, à Lille, Nord (n°. 696),

Médaille de bronze, pour cardes très-bien exécutées ;

A M. Matignon, à Paris, rue de Charonne, n°. 41 (n°. 1246),

Idem, pour *idem* ;

A MM. le baron de Gency et Metcalfe, à Meulan, Seine-et-Oise (n°. 590),

Idem, pour *idem* ;

A M. Lambert, à Paris, rue Fontaine-au-Roi, n°. 635),

Idem, pour bonnes cardes à laine et à coton ;

A M. Gohin, à Paris, rue Neuve-Saint-Jean, n . 9 (n°. 1288),

Idem, pour cardes bien fabriquées;

A M. Harmey, à Paris, rue de Pontoise, n°. 10 (n°. 290),

Mention honorable, pour plaques et rubans de cardes.

Relativement aux PEIGNES et ROTS :

A MM. Bonnand, Laverrière et Boudot, à Lyon, Rhône, et à Paris, rue Pagevin, n°. 3 (n°. 1718),

Médaille d'or, pour un très-beau peigne d'acier sans ligature, propre au tissage des étoffes de soie;

A MM. Jappy frères, à Beaucourt, Haut-Rhin (n°. 710),

Pour bons peignes de tissage, à dents de cuivre et d'acier, rappel d'une *Médaille d'or,* qui leur fut décernée, en 1819, pour divers objets. (Voyez SERRURERIE et OUTILS DIVERS);

A M. Mainot, à Rouen, Seine-Inférieure (n°. 1443),

Mention honorable, pour beaux peignes d'acier propres au tissage;

A M. Gille, à Paris, rue de la Coutellerie, n°. 15 (n°. 304),

Idem, pour *idem;*

A M. Vuilquint, à Paris, rue Charonne, n°. 159 (n°. 1714),

Idem, pour bons peignes propres à la fabrication des cachemires.

Relativement aux ALÈNES :

A MM. Boilvin frères, à Badonvilliers, Meurthe (n°. 62),

Pour alènes et poinçons bien fabriqués et d'un grand débit, rappel d'une *Médaille d'argent*, qui leur fut décernée en 1819. (Voyez *CLOUTERIE*);

A MM. Thirion et Jacquel, à Saint-Sauveur, Meurthe (n°. 63),

Médaille de bronze, pour alènes de bonne qualité, dont ils ont établi la fabrication.

———

Relativement aux TOILES MÉTALLIQUES :

A M. Roswag fils, à Schelestadt, Bas-Rhin (n°. 1427),

Médaille d'or, pour tissus métalliques de la plus belle exécution ;

A M. Henry Stammler, à Strasbourg, Bas-Rhin (n°. 776),

Médaille d'argent, pour tissus très-bien fabriqués en fil de fer, fil de laiton et fil d'argent. (Voyez *ACIER POLI et BIJOUTERIE D'ACIER*);

A M. Saint-Paul, à Paris, petite rue Saint-Antoine, n°. 28 (n°. 1477),

Idem, pour *idem;*

A M. Gaillard, à Paris, rue Saint-Denis, n°. 228 (n°. 1490),

Pour toiles métalliques d'un tissu très-égal et bien fabriquées, rappel d'une *Médaille d'argent*, qui lui fut décernée en 1819 ;

A M. George Stammler, à Strasbourg, Bas-Rhin (n°. 984),

Médaille de bronze, pour divers tissus métalliques d'une belle exécution ;

A MM. Denimal et Miniscloux, à Valenciennes, Nord (n°. 686),

Mention honorable, pour tissus métalliques.

Relativement à la CLOUTERIE :

A M. Fontaine, à Authie, Somme (n°. 504),

Médaille d'argent, pour une série très-étendue de clous divers, bien fabriqués et d'un prix modéré ;

A MM. Boilvin frères, à Badonvilliers, Meurthe (n°. 62),

Pour clous à monter, d'une bonne fabrication, *Mention honorable*, avec rappel d'une *Médaille d'argent*, qui leur fut décernée en 1819. (Voyez *ALÈNES et POINÇONS*) ;

A MM. Laroche , Mounier et compagnie, à Paris, rue de Rochechouart, n°. 61 (n°. 1220),

Mention honorable, pour clous à menuisiers, serruriers, et autres clous dont la pointe est façonnée au tour.

Relativement à l'ACIER POLI et à la BIJOUTERIE D'ACIER.

A M. Frichot, à Paris, rue des Gravilliers, n°. 42 (n°. 1046),

Médaille d'or, pour parures et autres bijoux d'une grande beauté ;

A M. Provent, à Paris, rue Salle-au-Comte, n°. 7 (n°. 1587),

Médaille d'argent, pour gardes d'épée, médaillons, clefs et parures d'une très-belle exécution ;

A M. Hisette , à Metz, Moselle (n°. 559),

Médaille de bronze, pour objets en acier poli, ornés de bronze doré ;

A M. Poly, à Paris, faubourg Saint-Martin , n°. 113 (n°. 1167) ,

Mention honorable, pour beaux peignes et belles parures en acier poli ;

A M. Henry Stammler, à Strasbourg , Bas-Rhin (n°. 776),

Idem, pour bijouterie d'acier. (Voyez *TOILES MÉTALLIQUES*);

A M. Jeandet, à Paris , faubourg du Temple , n°. 67 (n°. 1407) ,

Idem, pour bijoux et porte-feuilles en acier poli ;

A M. Fouquier fils, à Roubaix, Nord (n°. 693),

Idem, pour beaux peignes d'acier poli ;

A M. Duméril, à Saint-Julien Dufault, Yonne (n°. 339),

Idem , pour éventails en acier poli et autres objets du même genre.

Relativement à la SERRURERIE :

A M. Maquennehen (Armand), à Escarbotin, Somme (n°. 492) ,

Médaille d'argent , pour serrures de sûreté , cylindres cannelés , propres au service des filatures, et autres objets bien exécutés et d'un prix modéré ;

A M. Maquennenhen (Manassès), *ibidem ,*

Idem , pour *idem ;*

A M. Huret, à Paris, rue Castiglione, n°. 3 (n°. 808),

Pour objets de haute serrurerie très-bien exécutés, rappel d'une *Médaille d'argent*, qui lui fut décernée en 1819;

A M. Georget, à Paris, rue Castiglione (n°. 1745),

Idem, idem;

A M. Toussaint, à Paris, rue Basse-du-Rempart, n°. 64 (n°. 645),

Médaille de bronze, pour coffre-forts en fer, et autres objets de haute serrurerie ;

A M. Oublette, Aube (n . 1591),

Idem, pour une serrure à combinaisons, objet de haute serrurerie ;

A M. Leyris, à Paris, cul-de-sac du Paon, n°. 7 (n°. 769),

Idem, pour châssis de fenêtre en tôle, propres à remplacer les châssis de fenêtre en bois dans plusieurs circonstances ;

A M. Didiée, à Paris, rue d'Enfer, n°. 32 (n°. 218),

Idem, pour un compas propre au tracé des volutes et pour un modèle d'atelier de serrurerie ;

A MM. Jappy frères, à Beaucourt, Haut-Rhin (n°. 710),

Mention honorable, pour serrures à pênes circulaires. (Voyez PRESSES, ROTS et OUTILS DIVERS);

A M. Borel, à Gap, Hautes-Alpes (n°. 20),

Idem, pour un cache-entrée de serrure et une espagnolette de fenêtre ;

A M. Alloni, à Paris, rue de Paradis, n°. 20 (n°. 1671),

Idem, pour divers modèles en serrurerie ;

A M. Pottié, à Paris, rue de Tournon, n°. 31 (n°. 234),

Citation, pour un mausolée en fer poli, consacré à la mémoire de S. A. R. Monseigneur le Duc de Berry.

Relativement à la COUTELLERIE :

A M. Sirhenry, à Paris, Place de l'École de Médecine, n°. 6 (n°. 1575),

Médaille d'argent, pour instrumens de chirurgie et autres objets de coutellerie fine en acier de Damas. (Voyez *Armes blanches*);

A M. Pradier, à Paris, rue Bourg-l'Abbé, n.° 22 (n°. 1567),

Idem, pour beaux ouvrages de coutellerie tant fine que commune, dont il a monté la fabrication en grand depuis l'exposition de 1819 ;

A M. Gavet, à Paris, rue Saint-Honoré, n°. 138 (n°. 1701),

Idem, pour bons rasoirs et couteaux d'acier français et d'un prix modéré, et pour divers autres objets de coutellerie, tant fine que commune, dont il a monté la fabrication en grand depuis l'exposition de 1819 ;

A madame Degrand, née Gurgey, à Marseille, Bouches-du-Rhône (n°. 875),

Idem, pour coutellerie tant fine que commune, et notamment pour couteaux à revers, destinés aux tanneurs. (Voyez *Armes blanches*);

A M. Dumas, à Thiers, Puy-de-Dôme (n°. 32),

Idem, pour bons rasoirs fabriqués avec de l'acier fondu de France, et d'un prix modéré ;

A M. Bost-Membrun, à Saint-Remy près Thiers, Puy-de-Dôme (n°. 28),

Idem, pour bons couteaux de table, de cuisine, et autres

objets fabriqués avec de l'acier fondu de France, et d'un prix modique ;

A M. Grangeret, à Paris, rue des Saints-Pères, n°. 145 (n°. 1687),

Médaille de bronze, pour instrumens de chirurgie et autres objets de coutellerie fine;

A M. Gillet, à Paris, rue de Charenton, n°. 41 (n°. 278),

Idem, pour rasoirs de bonne qualité et d'un beau poli fabriqués avec de l'acier fondu de France ;

A M. Sénéchal, à Paris, rue Saint-Sauveur, n°. 17 (n°. 310),

Idem, pour ciseaux de tailleur, et autres ouvrages de coutellerie tant fine que commune ;

A Madame veuve Charles, à Paris, rue du Petit-Lion-Saint-Sauveur, n°. 20 (n°. 866),

Idem, pour rasoirs d'acier fondu à dos métallique, à lames de rechange et à lames façon de Damas ;

A M. Bergougnan, à Paris, rue Saint-Denis, n°. 308 (n°. 312),

Idem, pour rasoirs damassés, rasoirs à rabot, rasoirs à secret, et autres objets de coutellerie tant fine que commune;

A M. Cardeilhac, à Paris, rue du Roule, n°. 4 (n°. 1534),

Idem, pour coutellerie fine, dont les lames et manches sont fabriqués en acier de Damas, et pour divers objets de bonne coutellerie commune;

A M. Treppoz, à Paris, rue du Coq Saint-Honoré, n°. 3 (n°. 464),

Idem, pour rasoirs et couteaux en bon acier de Damas. (Voyez *ARMES BLANCHES*);

A M. Guerre, à Langres, Haute-Marne (n°. 561),

Idem, pour couteaux , canifs et rasoirs d'un prix modéré , qui soutiennent et accroissent l'ancienne réputation de la coutellerie de Langres ;

A M. Chervet-Vacher, à Thiers, Puy-de-Dôme (n°. 35),

Mention honorable, pour assortimens de couteaux, tire-bouchons et tire-bottes ;

A M. Audenbron, à Thiers, Puy - de - Dôme (n°. 25),

Idem, pour assortimens de spatules, couteaux , ciseaux, rasoirs et fourchettes ;

A M. Buisson Martignat, à Thiers, Puy-de-Dôme (n°. 35),

Idem , pour couteaux et serpettes à manches d'os imitant la corne de cerf, objets bien exécutés et d'un prix modique ;

A M. Roussin , à Paris , rue de la Place Maubert, n°. 1er. (n°. 1018),

Idem , pour bons rasoirs d'acier fondu , et autres objets de coutellerie tant fine que commune.

A M. Morize, à Paris, rue Saint - Antoine , n°. 13 (n°. 1474),

Idem, pour bons rasoirs d'un beau poli , fabriqués avec de l'acier français du département de la Loire , et autres objets de coutellerie tant fine que commune ;

A M. Boulay, à Paris, rue du Four—Saint-Germain , n°. 41 (n°. 1662),

Idem, pour bons rasoirs de tôle d'acier, fabriqués par le moyen d'une machine ;

A M. Frestel , à Saint-Lô , Manche (n°. 731),

Idem ; pour rasoirs, objets de coutellerie tant fine que commune ;

A M. Neel , à Saint-Lô, Manche (n°. 730),

Idem, pour *idem*;

A M. Gouré , à Caen, Calvados (n°. 1152),

Idem, pour objets de coutellerie commune , semblables à ceux qui proviennent des fabriques anglaises, et d'un prix modéré ;

A MM. Normandin frères, à Paris, rue Neuve-des-Petits-Champs, n°. 25 (n°. 1050),

Idem, pour un instrument en bois destiné à donner le fil aux rasoirs , et nommé *ligni-guise;*

A M. Domet, Jura (n°. 1213),

Idem, pour palettes à aiguiser ;

A M. Marquet, à Thiers, Puy-de-Dôme (n°. 26),

Citation, pour assortimens de bons couteaux de poche, d'un prix modique;

A M. Perret-Vacherias , à Thiers, Puy-de-Dôme (n°. 30),

Idem, pour assortimens de ciseaux et de canifs d'un prix modique ;

A MM. Lasserre et Lenormand , à Paris (n°. 346),

Idem, pour rasoirs et autres objets de coutellerie, fabriqués avec de l'acier fondu français, et avec de l'acier brut dont ils améliorent la qualité par la cémentation. (Voyez *Acier*);

A M. Tixier fils, à Thiers, Puy-de-Dôme (n°. 31),

Idem , pour assortimens de bons ciseaux d'un prix modique ;

A M. Lemaire , à Paris, rue du Roule, n°. 8 (n°. 1163),

Idem, pour bons rasoirs, qu'il vend à l'épreuve, et pour bons cuirs à rasoirs ;

A M. Legrand, à Paris, rue du Bac, n°. 12
(n°. 870),

Idem, pour coutellerie fine et rasoirs qu'il vend à l'essai ;

A M. Cheneaux, à Paris, rue Sainte-Anne,
n°. 5 (n°. 1421),

Idem, pour *idem* ;

A M. Laporte, à Paris, rue des Filles-Saint-
Thomas, n°. 20 (n°. 1032),

Idem, pour bonne coutellerie fine ;

A Madame veuve Dumay, à Paris, rue de la
Vieille Bouclerie, n°. 12 (n°. 1219),

Idem, pour instrumens de chirurgie et autres objets de
coutellerie fine ;

A M. Choquet, à Paris, rue des Jardins-Saint-
Paul, n°. 25 (n°. 345),

Idem, pour rasoirs à double rabot, et pour rasoirs communs d'un prix modique ;

A M. Monin, à Paris, rue Dauphine, n°. 12
(n°. 704),

Idem, pour rasoirs d'un prix modéré, qu'il vend à l'essai ;

A M. Lesueur jeune, à Paris, rue des Mathu-
rins Saint-Jacques, n°. 16 (n°. 1330),

Idem, pour instrumens de chirurgie ;

A M. Lamotte, à Saint-Étienne, Loire (n°. 741),

Idem, pour coutellerie commune d'un prix très-modique,
et destinée au commerce du Levant. (Voyez *ARMES A FEU*);

A M. Bariole, à Paris, rue de Bourgogne,
n°. 18 (n°. 1211),

Idem, pour articles de coutellerie, et pour un modèle de
projectile, dit *boulet à James*.

Relativement aux OUTILS DIVERS :

A MM. Coulaux et compagnie , à Molsheim , Bas-Rhin (n°. 773),

Médaille d'or, pour un grand nombre de nouveaux objets de quincaillerie dont ils ont établi la fabrication avec succès depuis 1819. (Voyez *LIMES* , *SCIES et ARMES BLANCHES*);

A MM. Jappy frères, à Beaucourt, Haut-Rhin (n°. 710),

Idem , pour *idem*. (Voyez *PEIGNES et ROTS* , *SERRURERIE*);

A M. D'Herbecourt, à Paris , rue des Grands-Augustins, n°. 55 (n°. 1095),

Pour assortimens d'outils à l'usage des charrons , des charpentiers , etc. , rappel d'une *Médaille d'argent* , qui lui fut décernée en 1819 ;

A M. Deharme , à Paris , rue de la Fidélité, n°. 5 (n°. 1528),

Médaille de bronze, pour assortimens d'outils et de mécanismes en fer, espagnolettes , cymbales d'acier et fers de rabot fabriqués en acier français ;

A M. Hue , à Laigle , Orne (468),

Idem, pour un marteau de son invention, qui est propre à la taille des meules de moulin , et pour des filières propres à l'étirage des fils de cardes.

A M. Bertrand-Fourmand , à Nantes , Loire-Inférieure (n°. 744),

Idem , pour câbles en fer à l'usage de la marine ;

A M. Hildebrand, à Paris , rue Jean-Robert, n°. 26 (n°. 267),

Idem, pour cloches , grelots et sonnettes en alliage métallique ;

A M. Billiard, à Paris, rue des Maçons-Sorbonne, n°. 23 (n°. 1542),

Idem, pour une belle sonde en fer forgé, à l'usage des mineurs ;

A M. Magallon jeune, à Gap, Hautes-Alpes (n°. 21),

Mention honorable, pour un outil dit *boucharde*, à l'usage des tailleurs de pierre ;

A l'École royale des Arts et Métiers de Châlons-sur-Marne,

Idem, pour étaux, enclumes, filières et autres outils. (Voyez *Bronze*) ;

A l'École royale d'Angers,

Idem, pour étaux, bigornes, doloires et peloteuses ;

A M. Henri Didot, à Paris, rue du Petit-Vaugirard, n°. 13 (n°. 305),

Idem, pour règles d'acier faites à la mécanique ;

A M. Thiebaut fils, à Paris, rue du Ponceau, n°. 42 (n°. 1280),

Idem, pour cylindres de cuivre propres à l'impression des toiles peintes ;

A M. Leignadier, à Paris, rue des Moineaux (n°. 1527),

Idem, pour tubes métalliques de tôle plaquée en laiton, et pour lits et barreaux de rampe d'escalier fabriqués avec ces tubes ;

A MM. Perrenet et Monget, à Pontarlier, Doubs (n°. 782),

Idem, pour ciseaux de menuisier et autres outils. (Voyez *Faulx*) ;

A M. Ruffié, à Foix, Ariége (n°. 54),

Idem, pour ciseaux propres à la ciselure des métaux. (Voyez *Acier*, *Faulx et Limes*) ;

A M. Dessoyes, à Brevannes, Haute-Marne (n°. 564),

Idem, pour burins. (Voyez *LIMES*) ;

A M. Renard, à Paris, rue Gervais-Laurent, n°. 1er. (n°. 238),

Idem, pour *idem*. (Voyez *LIMES*) ;

A MM. Delaporte, à Paris, rue des Deux-Portes Saint-Sauveur, n°. 18 (n°s. 166 et 167),

Idem, pour dés à l'usage des tailleurs, et pour dés doublés d'argent et d'or ;

A M. Tridon, à Paris, au Gros-Caillou, n°. 50 (n°. 146),

Idem, pour vis à bois en fer forgé ;

A M. Hamelin-Bergeron, rue de la Barillerie, n°. 15 (n°. 1087),

Idem, pour outils de tourneur, et autres de toute espèce ;

A MM. Arnheiter et Petit, à Paris, rue des Boucheries Saint-Germain, n°. 30 (n°. 325),

Citation, pour divers outils de jardinage ;

A M. Durand, à Paris, rue de Bussy, n°. 19 (n°. 1319),

Idem, pour *idem* ;

A M. Morizot, à Tonnerre, Yonne (n°. 337),

Idem, pour échenilloir de nouvelle invention ;

A M. Manceau, à Paris, rue du Temple, n°. 61 (n°. 1588),

Idem, pour outils de cartonnier, et autres articles de quincaillerie ;

A MM. Vandel et compagnie, à Morez, Jura (n°. 142),

Idem, pour fers de bottes ;

A M. Bezançon, à Paris, rue Vivienne, n°. 24 (n°. 1305),

Idem, pour divers objets de quincaillerie ;

A M. Fontaine, à Paris, cul-de-sac Saint-Martial, n°. 8 (n°. 473),

Idem, pour des vis de différens numéros ;

A M. Henri, à Paris, rue de l'Aiguillerie, n°. 7 (n°. 277),

Idem, pour des pelles et pincettes dorées et vernies ;

Relativement aux ARMES BLANCHES :

A M. Bréant, vérificateur général des essais à la Monnaie de Paris (n°. 1620),

Médaille d'or, pour acier damassé, obtenu directement par le moyen de la fonte de fer, et pour armes blanches en acier fondu damassé, ainsi que pour traitement du platine et du palladium. (Voyez ACIER);

A M. Sirhenry, à Paris, place de l'École de Médecine, n°. 6 (n°. 1575),

Mention honorable, pour armes blanches en acier damassé. (Voyez COUTELLERIE);

A Madame Degrand, née Gurgey, à Marseille, Bouches-du-Rhône (n°. 875),

Idem, pour *idem*. (Voyez COUTELLERIE);

A MM. Coulaux et compagnie, à Molsheim, Bas-Rhin (n°. 773),

Idem, pour *idem*. (Voyez LIMES, SCIES et OUTILS DIVERS);

A M. Treppoz, à Paris, rue du Coq Saint-Honoré, n°. 3 (n°. 464),

Idem, pour *idem*. (Voyez COUTELLERIE);

Relativement aux Armes à feu :

A MM. Lepage père et fils, à Paris, rue de Richelieu, n°. 13 (n°. 952),

Médaille d'argent, pour fusils tant à pierre qu'à piston et à percussion, carabines, pistolets et autres objets d'arquebuserie ;

A M. Lefaure père, à Presles, Seine-et-Oise (n°. 291),

Médaille de bronze, pour canons à rubans d'acier, et fusils à système ;

A M. Prélat, à Paris, rue de la Paix, n°. 26 (n°. 1621),

Idem, pour fusils à percussion ;

A M. Henry Roux, à Paris, rue d'Artois, n°. 24 (n°. 1712),

Idem, pour fusils à piston, dits *fusils Pauly perfectionnés* ;

A M. Albert Renette, à Paris, rue Popincourt, n°. 50 (n°. 1090),

Idem, pour canons rubanés et damassés , qui sont recherchés dans la fabrication des armes à feu ;

A M. Cessier, à Saint-Étienne, Loire (n°. 742),
Idem, pour fusils de munition à magasin volant ;

A M. Lamotte, à Saint-Étienne, Loire (n°. 741),

Idem, pour pistolets à canons damassés. (Voyez *Coutellerie*);

A M. Delebourse, à Paris, rue Sainte-Avoie, n°. 53 (n°. 1433),

Mention honorable, pour fusils à percussion ;

A M. Jourjon, à Rennes, Ille-et-Vilaine (n°. 410),

Idem, pour un fusil double à pierre et à batterie ordinaires, orné de sculptures et ciselures;

A M. Nicolas, à Verdun, Meuse (n°. 613),

Idem, pour un fusil à piston, d'une disposition particulière;

A M. Castel, à Lavelanet, Ariége (n°. 249),

Idem, pour un fusil à deux coups;

A M. Pichereau, à Paris, rue Jean-Jacques-Rousseau, n°. 5 (n°. 1626),

Idem, pour fusils à percussion et autres;

A M. Leblanc, à Joigny, Yonne (n°. 338),

Idem, pour capsules métalliques à amorce, et cartouches imperméables;

A M. Puiforçat, à Paris, rue Mandard, n°. 16 (n°. 1062),

Citation, pour diverses armes à feu;

A M. Perin-Lepage, à Paris, boulevard des Capucines (n°. 953),

Idem, pour un nécessaire de pistolets à double détente;

A M. Guillemin-Lambert, à Autun, Saône-et-Loire (n°. 780),

Idem, pour fusils à percussion;

A M. Girard, à Moulin-la-Marche, Orne (n°. 471),

Idem, pour un fusil de chasse à piston, sans chien apparent.

APPENDICE indicatif des médailles accordées par le Roi, relativement à ceux des produits minéraux dont l'examen ne faisait pas partie du Rapport sur les arts métallurgiques, dans l'Exposition de 1823.

Relativement à l'ORFÉVRERIE :

A M. Odiot, à Paris, rue l'Évêque, n°. 1er. (n°. 1597),

Pour pièces d'orfévrerie et modèles en bronze, rappel d'une *Médaille d'or*, qui lui fut décernée en 1802 ;

A M. Cahier, à Paris, quai des Orfèvres, n°. 58 (n°. 1600),

Pour pièces d'orfévrerie, rappel d'une *Médaille d'or*, qui lui fut décernée en 1819.

Relativement au PLAQUÉ D'OR et D'ARGENT :

A M. Tourrot aîné, à Paris, rue Sainte-Avoie, n°. 53 (n°. 1277),

Médaille d'or, pour ornemens d'église, et vaisselle, en plaqué ou doublé d'or et d'argent ;

A M. Levrat, à Paris, rue Popincourt, n°. 66 (n°. 912),

Idem, pour objets en plaqué, rappel d'une *Médaille d'argent*, qui lui fut décernée en 1819 ;

A M. Pillioud, à Paris, rue des Juifs, n°. 11,
(n°. 975),

Médaille de bronze, pour divers objets en plaqué.

----

*Relativement aux SELS et AUTRES PRODUITS
CHIMIQUES :*

A la Compagnie Thonnelier, à Vic, Meurthe
(n°. 1542),

Médaille d'or, pour la découverte d'une mine de sel
gemme, dont cette compagnie a entrepris l'exploitation
sous la direction de l'Administration générale des Mines;

A la Société des Mines de Bouxwiller, Bas-
Rhin (n°. 799),

Médaille d'argent, pour vitriol, alun, bleu de Prusse,
prussiate de potasse, et autres produits chimiques;

A M. Bérard, à Montpellier, Hérault (n°. 606),

Pour alun et autres produits chimiques, rappel d'une
Médaille d'argent, qui lui fut décernée en 1819;

A MM. Bérard et Delpech, au Mas d'Azil,
Ariège (n°. 55),

Pour alun purifié, rappel d'une *Médaille de bronze*, qui
lui fut décernée en 1819;

A MM. Bonnet frères, et Champion, à Besançon,
Doubs (n°. 783),

Médaille de bronze, pour bleu de Prusse et prussiate de
potasse;

A MM. Vincent et compagnie, à Vaugirard
près Paris (n°. 1197),

Idem, pour bleu français préparé à l'instar du bleu de
Prusse, et pour prussiate de potasse;

A M. Dubruel, à Poissy, Seine-et-Oise (n°. 87),
Idem, pour soude factice et autres produits chimiques;

A M. Collet fils, à Choisy-le-Roi, Seine (n°. 1571),
Idem, pour *idem*;

A la Compagnie des Salines de l'Est, à Dieuze, Meurthe (n°. 58),

Idem, pour soude factice ;

A M. Bouvier-Dumolard , à Valmunster, Moselle (n°. 716),

Idem, pour vitriol ou couperose en cristaux (sulfate de fer) ;

A MM. Burand jeune, et Marchand, à Charenton près Paris (n°. 1353),

Idem , pour divers produits chimiques ;

A M. L.-J. Gohin , à Paris , faubourg Saint-Martin , n°. 63 (n°. 1289);

Pour couleurs minérales et papiers peints , rappel d'une *Médaille d'argent,* qui lui fut décernée en 1802 ;

A M. Lefrançois, à Paris, rue Saint-Maur, n°. 66 (n°. 766),

Idem , pour couleurs minérales ;

A M. Dournay, à Lobsann, Bas-Rhin (n°. 1428),

Idem, pour malthe , ou bitume asphaltique , et pour mastic bitumineux.

Relativement aux PIERRES *et* AUTRES MINÉRAUX :

A la Compagnie Prévost-Pugens, de Toulouse (n°. 1344) ,

Médaille d'argent, pour marbre statuaire et marbre de couleur, provenant des départemens des Hautes-Pyrénées et de la Haute-Garonne ;

A M. Langlois-Letailleur, à Beauvais, Oise (n°. 1729),

Pour marbres récemment découverts aux environs de Beauvais, rappel d'une *Médaille d'argent* ;

A M. Douault-Wieland, à Paris, rue Sainte-Avoie , n°. 19 (n°. 1301),

Médaille d'argent, pour gemmes factices ;

A MM. Coulon père et fils, à Labastide-sur-Lher, Ariège (n°. 246),

Médaille de bronze, pour échantillons de jay ou lignite ;

A M. Donnet-Demont, à Dôle, Jura (n°. 140),

Idem, pour tripoli, ainsi que pour divers objets rangés parmi les instrumens de précision.

Relativement aux FABRIQUES DE POTERIE, FAYENCE, PORCELAINE, etc.

A MM. Fobry et Utzschneider, à Sarreguemines, Moselle (n°. 1573),

Pour fayence, porcelaine, et terre cuite imitant le porphyre de Suède, rappel d'une *Médaille d'or*, qui leur fut décernée en 1801 ;

A M. Legros-d'Anisy, à Paris, rue Tiquetonne, n°. 14 (n°. 1599),

Médaille d'argent, pour fayence et porcelaine ;

A M. Gilbert, à Orléans, Loiret (n°. 593),

Médaille de bronze, pour creusets et briques réfractaires ;

A M. Keller ,à Lunéville (n°. 158),

Idem, pour ustensiles de ménage, en terre de pipe et en fayence mince ;

A MM. Fouque et Arnoux, à Toulouse, Haute-Garonne (n°. 1487),

Idem, pour objets en fayence ;

A MM. Leblanc et compagnie, à Villedieu, Indre (n°. 950),

Idem, pour vases et autres objets en porcelaine ;

A la Manufacture de porcelaine de Foëcy, Cher (n°. 847),

Idem, pour porcelaine ;

A M. Denuelle, à Paris, rue de Crussol, n°. 8 (1392),

Idem, pour *idem*;

A M. Langlois, à Bayeux, Calvados (n°. 1134),
Pour porcelaine, rappel d'une *Médaille de bronze*, qui lui fut décernée en 1819.

Relativement aux FABRIQUES DE VERRERIE, CRISTAUX et GLACES:

A MM. Godard et compagnie, à Vonêche-Baccarat, Meurthe (n°. 159),

Médaille d'or, pour cristaux;

A MM. Chagot frères, au Creusot près Mont-Cénis, Saône-et-Loire, et à Paris, Boulevard Poissonnière, n°. 11 (n°. 1639 *bis*),
Pour cristaux, rappel d'une *Médaille d'or*, qui leur fut décernée en 1819;

A la Manufacture royale des glaces à Saint-Gobin, et à Paris (n°. 1347),
Pour glaces coulées des plus grandes dimensions, rappel d'une *Médaille d'or*, qui fut décernée à cet établissement en 1806;

A MM. Georgeon et Bontemps, à Choisy-le-Roi (n°. 1282),

Médaille d'argent, pour cristaux, glaces soufflées, verres plats et autres;

A la Manufacture de glaces de Cirey, Meurthe (n°. 1468),
Pour glaces étamées et non étamées, rappel d'une *Médaille d'argent*, qui lui fut décernée en 1819;

A M. de Violaine, à Premontré, Aisne (n°. 358),
Médaille de bronze, pour verres de toutes dimensions et de toutes couleurs.

www.ingramcontent.com/pod-product-compliance
Ingram Content Group UK Ltd.
Pitfield, Milton Keynes, MK11 3LW, UK
UKHW022233120726
13694UKWH00002B/816